图4-1　出现药害的植株及叶片

图4-2　出现药害的植株及叶片

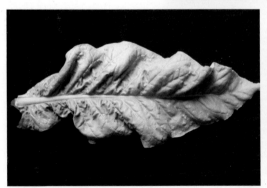

图4-3　出现药害的植株及叶片

图4-4　A、B、C出现药害的植株及叶片

图4-5　A、B 2倍药剂浓度时药害症状植株及叶片，C、D 4倍时症状叶片

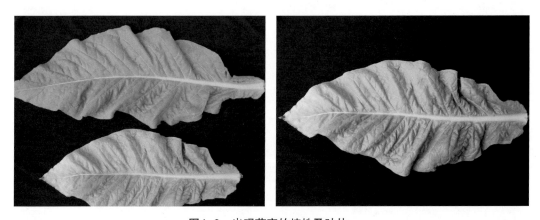

图4-6　出现药害的植株及叶片

图4-7　A、B 6倍浓度药剂时植株及叶片，C、D 8倍浓度药剂时植株及叶片

图4-8　出现药害的植株及叶片

图4-9　出现药害的植株及叶片（苗期）

图4-10　2倍浓度药剂时植株及叶片（苗期）

图4-11　4倍浓度药剂时植株及叶片（苗期）

图4-12　2倍浓度药剂时植株及叶片（大田）　　　图4-13　4倍浓度药剂时植株及叶片（大田）

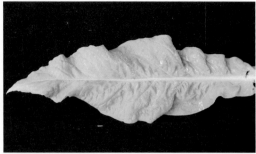

图4-20　20倍浓度药剂时植株及叶片

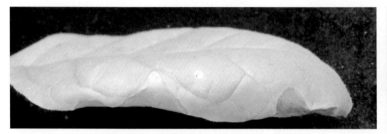

图4-21　4倍浓度药剂时植株及叶片

图4-22　4倍浓度药剂时植株及叶片

图4-23　A、B 8倍药剂浓度的药害症状植株及叶片

图4-24　4倍浓度药剂时植株及叶片

图4-25　6倍浓度药剂时植株及叶片

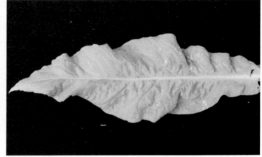

图4-26　20倍浓度药剂时植株及叶片

图4-27　6倍浓度药剂时植株及叶片

水稻苗期和本田期受二氯·苄药害

图5-1 二氯喹啉酸本田产生的药害

图5-2　4倍正常浓度土壤喷施产生的药害
症状移栽后14天

图5-3　2倍正常浓度土壤喷施产生的药害
症状移栽后14天

图5-4　正常浓度土壤喷施产生的药害
症状移栽后14天

图5-5　团棵期4倍正常浓度

图5-6　团棵期2倍正常浓度

图5-7　团棵期2倍正常浓度

图5-8　团棵期正常浓度

图5-9　旺长期4倍正常浓度

图5-10　旺长期4倍正常浓度
（卷曲比较严重）

图5-11　旺长期2倍正常浓度

图5-12　旺长期2倍正常浓度
（稍微有卷曲现象）

图5-13　旺长期正常浓度
（基本正常）

图5-14　市面上常见的二氯喹啉酸及其复配剂包装

图5-15　喷施叶面营养剂前除草剂药害　　　　图5-16　喷施叶面营养剂修复后烟叶

图5-17　空白对照

二甲四氯药害图

二甲四氯药害图

二甲四氯药害图

二甲四氯药害图　　　　　　　　　　　水稻分蘖张开，次生根成乳头
　　　　　　　　　　　　　　　　　　　状群聚在基部不下扎

图5-18　二甲四氯及其钠盐对水稻的药害

典型二甲四氯药害图

图5-19　典型二甲四氯药害图

图5-20　4倍正常浓度移栽后14天　　　　　图5-21　4倍正常浓度移栽后14天

图5-22　2倍正常浓度移栽后14天

图5-23　2倍正常浓度移栽后14天

图5-24　1倍正常浓度移栽后14天

图5-25　1倍正常浓度移栽后14天

图5-26　4倍正常浓度旺长期

图5-27　4倍正常浓度旺长期

图5-28　2倍正常浓度旺长期

图5-29　2倍正常浓度旺长期

图5-30　正常浓度旺长期　　　　　　　　图5-31　倍正常浓度旺长期

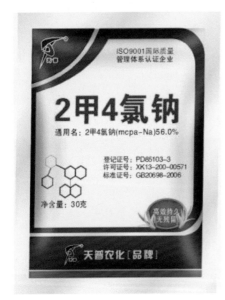

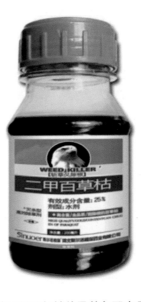

图5-32　市面上常见的二甲四氯钠盐及其复配产品包装

图5-33　水稻受2，4-D 药害时，心叶僵硬，并有筒状叶和畸形穗出现

图5-34　2，4-D 药害引起烟草茎和叶扭曲、叶片皱褶僵硬

图5-35　市面上常见的2，4-D产品

图5-36　毒莠定对烟草幼苗的药害症状

图5-37　毒莠定对烟草幼苗的药害症状

图5-38　毒莠定对烟草心叶的药害症状

图5-39　毒莠定对烟草叶片的药害症状

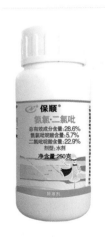

图5-40　市面上常见的毒莠定产品

图5-41　草甘膦对水稻的药害

图5-42　草甘膦对烟叶的药害.直接喷在烟株上面（新生叶片呈浅黄色）

图5-43　土壤喷施正常浓度草甘膦

图5-44　草甘膦2倍正常浓度产生的药害

图5-45　草甘膦4倍正常浓度产生的药害15天

图5-46　草甘膦2倍正常浓度产生的药害旺长期

图5-47　草甘膦4倍正常浓度产生的药害旺长期

图5-48　正常浓度移栽后15天（土壤喷施）

图5-49　2倍正常浓度移栽后15天（土壤喷施）

图5-50　4倍正常浓度移栽后15天（土壤喷施）

图5-51　正常烟叶

烟叶变黄　　　　　　　　　　　叶片出现斑点甚至穿孔

图5-52　1倍正常浓度旺长期（土壤喷施）

图5-53　2倍正常浓度旺长期（土壤喷施）

图5-54　4倍正常浓度旺长期（土壤喷施）

图5-55　宝成药害图

图5-56　百草枯药害图（百草枯轻微药害，后期叶片病状）

烟叶变黄

叶片出现斑点甚至穿孔

图5-57　浓度较大时百草枯药害

图5-58　喷施方式

正常浓度　　　　　　　　2倍正常浓度　　　　　　　4倍正常浓度

图5-59　喷施不同浓度的烟如意（10%精喹禾灵水乳剂）3天后烟株长势

（注: 牌子做的是烟舒，实际药剂是烟如意）

图5-60　新百锄＋助剂（10.8%精喹禾灵20ml；20%乙羧氟甲醚5ml）正常浓度1包对水15L

图5-61　新百锄+助剂（10.8%精喹禾灵20ml；20%乙羧氟甲醚5ml）2倍浓度2包对水15L

图5-62 新百锄+助剂（10.8%精喹禾灵20m；20%乙羧氟甲醚5ml）4倍浓度4包对水15L

图5-63 烟之除（精喹禾灵20%，20ml/包）2包对水15L喷施2倍浓度

图5-64 烟之除（精喹禾灵20%，25ml/包）4包对水15L喷施4倍浓度

图5-65 贝农虎精（氟磺胺草醚）正常浓度产生的药害症状（25g对水15L）

图5-66 贝农虎精（氟磺胺草醚）2倍浓度产生的药害症状（50g对水15L）

图5-67 贝农虎精（氟磺胺草醚）4倍浓度产生的药害症状（100g对水15L）

图5-68 2倍正常浓度（水稻田标准）0.5包对水15L

图5-69　4倍浓度2包对水15L

图5-70　正常使用浓度

图5-71　2倍正常使用浓度

图5-72　4倍正常浓度产生的药害

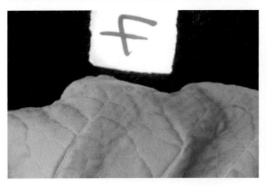

图6-1　氟节胺药害症状

图6-2　二甲戊灵药害症状

图6-3　仲丁灵药害症状

图6-4　烯效唑药害症状

烟草农药药害与科学使用

◎ 黄国联 等 编著

中国农业科学技术出版社

图书在版编目（CIP）数据

烟草农药药害与科学使用／黄国联等编著．—北京：中国农业
科学技术出版社，2016.9

ISBN 978-7-5116-2487-1

Ⅰ.①烟… Ⅱ.①黄… Ⅲ.①烟草-农药施用 Ⅳ.①S435.72

中国版本图书馆 CIP 数据核字（2016）第 006259 号

责任编辑	白姗姗
责任校对	李向荣

出 版 者	中国农业科学技术出版社
	北京市中关村南大街 12 号 邮编：100081
电 话	（010）82106638（编辑室） （010）82109702（发行部）
	（010）82109709（读者服务部）
传 真	（010）82106650
网 址	http://www.castp.cn
经 销 者	各地新华书店
印 刷 者	北京富泰印刷有限责任公司
开 本	787mm×1 092mm 1/16
印 张	9 彩插 28 面
字 数	220 千字
版 次	2016 年 9 月第 1 版 2019 年 1 月第 2 次印刷
定 价	68.00 元

《烟草农药药害与科学使用》
编 著 名 单

主 编 著：黄国联　陈德鑫　陈　勇　匡传富　周志成

副主编著：任广伟　孙现超　龙世平　李宏光　彭曙光

　　　　　陈泽鹏

编著人员（按姓氏笔画为序）：

马永瑾	王文静	王秀芳	王秀国	王　杰
王新伟	王　静	申莉莉	白万明	冯　超
朱先志	朱宇波	许清孝	孙惠青	杨金广
杨　柳	李义强	李现道	李　莹	李富新
肖艳松	时　焦	张成省	张　伟	张瑞平
张　赛	张　瀛	陈　山	陈　丹	周本国
钱玉梅	徐鹏军	郭先锋	黄择祥	黄艳宁
曹　健	崔新卫	彭福元	鲁耀雄	曾庆宾
曾维爱	黎　锋			

审　　稿　王凤龙

前　言

烟草是我国重要的经济作物之一，烟草病虫害历来是影响烟草生产的重要因素之一。近年来，受全球气候变暖、种植业结构调整、农业耕作制度改变等因素影响，烟草病虫害发生更加严重和复杂，全国常年种植烟草 1 500 万亩左右，在积极防治的情况下，烟草病虫害常年发生面积 1 200 万亩次左右，产值损失大约 13 亿元。烟草病虫发生强度之大，造成的损失更是巨大。

如何控制烟草病虫为害，减少病虫对烟叶生产的影响，始终是烟叶生产的重要环节。农药作为病虫害防治的重要手段之一受到人们的普遍重视。

在生产中，为了更好地控制烟草病虫害的发生，尽可能多地挽回病虫害造成的损失，有的烟农就大量使用农药。农药的大量使用，导致害虫和病害对农药的抗性增加、农药的使用量更大、人畜中毒事件频发、烟草药害等时有发生、环境污染严重、有的烟叶农药残留超标、生态环境恶化等问题。究其原因，主要是烟农在很多情况下过多地依赖农药的使用，特别是化学农药的使用，他们普遍缺乏病虫害识别、田间调查、预测预报以及综合防治技术，而把化学防治当作唯一的防治办法，缺乏科学安全使用农药常识，有滥用、乱用农药现象。

农药是现代农业发展不可或缺的投入品，是植物保护的重要手段之一，在病虫草鼠害的综合防治中具有重要地位，对保护农业增产丰收起着举足轻重的作用。然而，在农业生产中，农药一直是防治农业病虫害的主要手段和措施，农药的使用在确保农业高产、高效的同时，也带来了环境污染、生态平衡破坏和食品安全隐患等一系列的问题！随着我国农业生产的不断发展和人民生活水平的持续提高，农药作为重要的农业生产投入品，越来越引起公众的重视和关注！如何正确理解农药及其在无公害农产品中的作用，科学合理使用农药，不断加强对农药的管理，及时有效地控制病虫草鼠害，促进农作物、果树和蔬菜优质高产，保护好施药人员的安全和健康，防止意外中毒事故发生，减少环境污染和避免发生药害，已经成为农业技术人员必须面对和认真解决的重要任务！为了帮助广大烟农朋友和烟草生产技术人员科学选择农药，安全合理使用农药，最大限度的提高防治效果，降低成本，保障施药者健康，降低农药残留，提高烟叶的安全性，保护生态环境，推广农药安全科学合理使用技术，我们特编写了这本书。

本书的主要内容包括农药及药害概述、农药安全使用、杀虫剂、杀菌剂、除草剂和植物生长调节剂等。

本书介绍了农药的基本知识和农药的科学安全使用技术，并对烟草上使用的农药进行了分类介绍，对农药药害的发生原因、农药药害症状进行详细的描述，并提出了预防和治理措施。

本书由中国烟草总公司青州烟草研究所组织编写并统稿。编写出版过程中，青岛农业大学 2011 级本科生潘克俭、龙磊、任玲玲、中国农业科学院研究生院 2013 级研究生徐同伟、杨艺炜，西南大学 2013 级研究生刘世超等参与了本书相关研究课题，并在书稿统稿、校对等方面做出大量的工作。本书可供各级烟草生产部门技术人员、烟草种植者、农业院校烟草种植专业、烟草农业研究人员使用。由于编写人员水平有限，不当之处在所难免，错误之处敬请读者批评指正。

编著者

2015 年 3 月

目　　录

第一章　农药及药害概述

《中国农业百科全书·农药卷》对农药是这样定义的：农药（Pesticides）主要是指用来防治为害农林牧业生产的有害生物（害虫、害螨、线虫、病原菌、杂草及鼠类）和调节植物生长的化学药品，但通常也把改善农药有效成分物理、化学性状、提高农药防治效果的各种助剂包括在内。需要指出的是，对于农药的含义和范围，不同的时代、不同的国家和地区有所差异。如美国，早期将农药称之为"经济毒剂"（economic poison），欧洲则称之为"农业化学品"（agrochemicals），还有的书刊将农药定义为"除化肥以外的一切农用化学品"。20世纪80年代以前，农药的定义和范围偏重于强调对害物的"杀死"，但80年代以来，农药的概念发生了很大变化。今天，我们并不注重"杀死"，而是更注重于"调节"，因此，将农药定义为"生物合理农药"（biorational pesticides）、"理想的环境化合物"（ideal environmental chemicals）、"生物调节剂"（bioregulators）、"抑虫剂"（insectistatics）、"抗虫剂"（anti-inect agents）、"环境和谐农药"（environment acceptable pesticides 或 environment friendly pesticides）等。尽管有不同的表达，但今后农药的内涵必然是"对害物高效，对非靶标生物及环境安全"。

新中国成立以后，我国农药工业经历了创建时期（1949—1960）、巩固发展时期（1960—1983）和调整品种结构蓬勃发展时期3个阶段，农药品种和产量成倍增长，生产技术与产品质量显著提高。国务院决定1983年3月起停止生产六六六和滴滴涕，1991年国家又决定停止生产杀虫脒、二溴氯丙烷、敌枯双等5种农药，为适应农业生产发展的需要，国家集中力量投（扩）产了数十个高效低残留品种，使农药产量迅速增加。到1998年，全国已能生产农药200种（有效成分），农药总产量近40万t（以折100%有效成分计），全国农药生产能力达到75.7万t。

我国农药产量已能满足农业需要，并有一定数量的出口，但是品种仍不足，以1998年农药产量计算，其中杀虫剂占72%，杀菌剂占10%，除草剂占16%，植物生长调节剂占2%。因此，我国农药品种结构和各类农药之间比例调整的任务还很繁重，随着我国经济体制改革的逐步深入，这个调整任务定能在不太长的时期内完成。农药工业的发展，农药产量的增加，农药产品质量的提高，对保证农业丰收起到了重要的作用。据农业部门统计，1996年使用化学农药防治40多亿亩*次，化学除草面积达6.2亿亩次。每使用1元农药，农业可获益8~16元。

---

* 1亩≈667m²，1hm² = 15亩。全书同

第二章　农药安全使用

第一节　农药安全知识

农药的创制与生产初衷是服务农业，保护绿色环境，保障人民健康。但农药作为杀灭或抑制生物生存的一类物质，必然存在一定的毒性。农药毒性是用动物试验的 LD_{50} 值表达。LD_{50}（即 Lethal Dose，50%）是指"能杀死一半试验总体的有害物质、有毒物质或游离辐射的剂量"，是描述有毒物质或辐射的毒性的常用指标。LD_{50} 数值越小表示毒性水平越高。不同农药的毒性水平差别极大，但并非任何农药都是高风险性的有毒物质。市场上常用的杀菌剂、除草剂、植物生长调节剂、昆虫生长调节剂、昆虫信息素中绝大多数都是低毒（或实际无毒）化合物，其中个别品种也仅属于中等毒性。只有在有机磷酸酯和氨基甲酸酯类杀虫剂的部分品种中才出现高毒和剧毒农药品种。

农药毒性 LD_{50} 值>2 000mg/kg 的农药也被称为"实际无毒"农药。因为人们日常生活中所用的一些医药、食品、饮料、嗜好品和生活用化学品也含有一定的毒性，某些用品的"毒性水平"甚至高于某些农药。但半个多世纪的化学农药发展历史告诉我们，化学农药在控制农作物病虫草害、确保农业丰产丰收方面起着任何其他措施都不可替代的作用。我们不可笼统地把一切农药都视为有毒危险品。部分真正的高毒和剧毒农药的存在也是为了控制为害农业生产的有害生物，这些农药必须在农药安全使用规则指导下使用。实际上绝大多数农药中毒事故都是由于违背了高毒农药操作规程而发生的。总结过去因农药出现的安全问题，不少是人为因素造成的。

一、当前农药使用中存在的问题

农药生产出来之后的使用涉及经营者和使用者，二者在农药的安全科学使用方面都起到重要的作用。农药销售者要对自己销售的农药性质有准确的掌握，明确农药的防治对象和使用范围。农药使用者要清楚自己所买农药使用方法和适用对象。二者任何一方不科学都会引起污染环境，为害作物，有损健康。具体问题主要表现在以下几个方面。

（一）农药经营者存在问题

1. 农药经营者自身科学素质参差不齐

农药作为存在潜在危险性的特殊商品，要求经营者自身具备基本的农药和植保知识。但大多数经营者不具备这方面的知识，对自己销售的农药性质不明确，对农药的适用对象掌握不准确。不能科学回答农药购买者的问题，尤其在指导农民混配用药时容易出现问题，导致药效降低，或农药交叉反应，改变农药原有性质。有些经营者甚至把农药与其他食品、蔬菜等生活资料混放贮存或同柜销售。

2. 农药经营者无证经营普遍存在

随着土地流转政策的推广，病虫害造成的作物损失在大规模生产中更加凸显，导致农业生产者更加依赖农药。农药经营店已由原来的市、县、镇，延伸到村。一些人利用非正常途径从经销商那里搞到农药便在村子里卖，农民也不用再跑到较远的镇、县上去买，导致更多的人参与到农药经营中。但这些人大多没有去工商部门注册，无证经营日益成风。

3. 以利益为中心，胡乱推荐农药

部分农药经营者由于某种农药厂家给予优惠多，产品利润高，就重点推荐某种农药，推荐农药往往不对症。有些不法个体户，将过期农药更换标签或分装农药时掺杂施假、数量不足，或销售一些劣质农药、冒牌农药，只要利润高便极力向农民推荐。在蔬菜、瓜果、粮油、中药材上任意推销，误导农民使用高毒、高残留农药，未按照安全间隔期使用，最后造成农药中毒事件。

（二）农药使用者缺乏科学用药知识

1. 农药使用者用药不科学

农作物病虫草害的发生都有一定的规律，但由于农药使用者文化素质不高，不认识相关的病虫草害，对它们的发生规律不了解，一旦田间发生病虫害，就会出现盲目用药现象。别人用什么药，也就跟着用什么药。盲目跟风现象非常严重；其次就是咨询药店，卖药者推荐用什么药就用什么药，往往用药不对路。选择农药存在盲目性，不能对症用药。一旦一种农药有效就一直用，不交替轮换用药，导致病虫草害抗药性增加，用药量也不断增加，引起农药残留增加。有时为了达到杀灭病虫草的效果，甚至用明令禁止的高毒农药。至今在部分农村，甲胺磷、甲基对硫磷、呋喃丹等高毒农药依然是使用量一直居高不下。

（1）植物病虫草害的控制，一般遵循"综合防治，预防为主"的原则。而农民由于对病虫草害了解不多。通常只是在看到病虫草病虫害已经大面积爆发才开始防治。严重为害时才开始用药，防治不适时，贻误了防治时期，导致事倍功半的防治效果。

（2）农药一般都有针对不同防治对象的最佳使用浓度。农民为了减少劳动量，用药剂量盲目，片面以为大剂量、多次数，效果就好，导致病虫害的抗药性增强，甚至产生药害，也加重了经济负担。

（3）农药配制不精确，混配不科学。大量农村劳动力的外流导致农村生产劳动力紧缺，留守老人和妇女成了多数地区农业生产的主力军。这部分农民普遍受教育水平比较低，加上没有农药使用经验，对农药有效成分和含量不清楚，只凭自己的感觉目测配制或卖药者推荐剂量；个别厂家附带的不精确的量器，也会误导他们；甚至个别人用瓶盖测量或直接倒等方式，使得农药浓度过高，产生不良后果。为了减低劳动强度，他们在农药的使用过程中，经常将各种农药混配。但由于他们不懂配药知识，造成毫无科学根据的乱配。有的把杀虫、杀菌、叶面肥等一块用，甚至将酸碱不同的药剂混配在一起，而且也不注意混配的顺序和防治，易造成药效降低，农药残留增加，药害和中毒事件时常发生。

（4）农药器械落后，农药利用率低。近年来虽然机动弥雾机拥有量有较大幅度地增长，但手动喷雾器仍是主要施药器械。并且施药器械不合格、年久失修、雾化程度差、漏药多、喷施药液不均匀等现象普遍存在。现在农民的施药器械型号老，喷头单一，使用中"跑""冒""滴""漏"现象严重。普遍采用大容量、大雾滴喷雾，使用药液在靶标作物上不能形成最佳沉积分布，造成大量流失，农药有效利用率一直很低。

2. 农民缺乏基本安全用药常识和环境保护意识

（1）由于农药安全使用知识匮乏，许多农民对农药毒性认识不清楚，自我保护意识不强。在配兑农药时，大多数人不戴橡胶手套、口罩；施药过程中不穿长袖衣服；不观察天气情况，不注意风向，时常发生农药溅到人身上、脸上等现象；有的农民还一边施药，一边抽烟，喷药后基本不用肥皂洗手，甚至没有彻底清洗就开始饮食等。

（2）农民对农药安全间隔期缺乏认识。安全间隔期是指最后一次施药至放牧、收获（采收）、使用、消耗作物前的时期，自喷药后到残留量降到最大允许残留量所需间隔时间。安全隔离期在蔬菜、水果上尤为突出。很多菜农、果农在使用农药防治病虫害时，往往只注重防治效果，不注重蔬菜、水果上市前的安全间隔时间，最后造成农药中毒事件。

（3）农药放置不安全。有些农民将农药随意放置，屋前墙后随便一放，甚至与饲料、牲畜等放在一起，出现小孩误食中毒事故。农药用完后的空瓶、空袋随地乱扔，由于这些包装物不易降解，一方面污染环境，另一方面也易引起人、畜、鱼类中毒。

二、农药不科学使用导致的问题

（一）农药对人身健康的影响

农药的不合理使用最终导致农药通过消化系统、呼吸系统和皮肤等途径进入人体，产生不同程度的为害。

1. 产生急慢性中毒

农药进入人体后，首先进入人体血液循环系统，最后通过组织细胞膜和血脑屏障等组织，达到作用部位，引起中毒反应。短期内摄入大量农药，会引起急性中毒。而长期接触农药则可以引起慢性中毒。例如，具有神经毒性的有机磷类农药，其作用机理是抑制人体内胆碱酯酶的活性，使其失去分解乙酰胆碱的能力，造成人体细胞内乙酰胆碱积累，导致神经细胞紊乱，引发恶心、呕吐、流涎、呼吸困难、瞳孔缩小、肌肉痉挛和神智不清等症状。许多有机氯农药可以诱导肝细胞微粒体的氧化酶类，从而改变人体内某些生化过程，导致人体机能紊乱，出现中毒症状。

2. 影响免疫功能和生殖机能

由于某些有机磷化合物具有半抗原性，它们可以与人体内蛋白质结合成为复合抗原，从而产生抗体，引发机体发生致敏作用，影响免疫功能而损害机体健康。实验证明敌百虫具有免疫抑制作用，可使供试动物的网状皮系统的吞噬功能下降，从而降低机体的抵抗力。因此类似的影响也可能发生在人体内。

有机氯农药对生殖机能的影响主要表现在使鸟类产蛋数目减少，蛋壳变薄和胚胎不易发育，明显影响鸟类的繁殖。此外，有机氯农药对哺乳动物的生殖功能也有一定的影响。已经证实有机磷农药如敌敌畏和马拉硫磷就能损害大鼠的精子，而敌百虫和甲基对硫磷能使大鼠的受孕和生育能力明显降低。

（二）农药对环境的影响

农药是一类生物活性物质，可能会对特定环境中生物群落的组成和变化引起某种冲击；同时农药又是一类化学活性物质，能够与环境中的模型其他物质或物体发生相互作用。当农药进入环境后，其既可以通过物理行为发生移动和扩散，又可以通过化学行为发生降解和代谢，最终以某种无害或有害的物质残留在环境中。

农药残留（Pesticide residues），是农药使用后一个时期内没有被分解而残留于生物体、收获物、土壤、水体、大气中的微量农药原体，以及有毒代谢物、降解物和杂质的总称。农药残留量的多少与农药本身的特性有关。农药残留期的长短一般用降解半衰期或消解半衰期表示。降解半衰期是农药在环境中受生物、化学或物理等因素的影响，分子结构遭到破坏，有半数的农药分子已改变了原有分子状态所需的时间。消解半衰期则是指农药降解及在环境中通过扩散移动后，总消失量达到一半时的时间。

农药对环境的影响主要表现在环境中的农药残留对各种环境生物的影响。

1. 农药对土壤中生物的影响

土壤中的生物主要指土壤微生物和土壤动物。土壤微生物除了很少一部分是农作物有害的致病菌外，多数是对植物无害或有益的微生物。以不同形式残留在土壤中的农药因其毒性不同对这些微生物都会有一定的抑制或杀灭作用。例如，一些熏蒸剂如溴甲烷等施用后对土壤中的一些有益微生物如硝化菌、固氮菌、根瘤菌等都有严重的抑制作用。

土壤中的昆虫、线虫和蚯蚓等也会因农药残留的存在而受到影响。有机磷类农药对土壤中线虫群落变化影响较大。多数农药在正常用量下对蚯蚓的为害不大，但有一些农药对蚯蚓的毒性很大，如氨基甲酸酯类农药。

2. 农药对大气中生物的影响

地表以上的很多生物如天敌生物、有益昆虫及鸟类甚至野生动物都直接或间接的受到农药的影响。寄生性天敌如赤眼蜂、蚜茧蜂，寄生于靶标生物上，最容易受农药的影响。捕食性天敌，由于食物链效应，天敌体内积累较多的农药，受害较大。鸟类是生态系统中的重要成员，也是害虫的天敌，一只鸟一年可捕食几万只害虫。但很多农药对鸟类都有毒性，鸟类误食施药地区暴露与地面的药粒、毒饵或觅食了农药致死的昆虫或受农药污染的鱼类、蚯蚓等都会导致中毒症状。农药对有益昆虫蜜蜂也有很大为害，有机磷类、氨基甲酸酯类、拟除虫菊酯类农药对蜜蜂都有一定的毒性。蜜蜂在用药后的植物上采蜜往往会导致蜜蜂中毒死亡。

3. 农药对水体生物的影响

水体中的农药有些是直接来自于工厂排出的农药污水，或因卫生需要直接喷在水面的治虫农药。还有多数水体中的农药是在农药自农田迁移扩散过程中经地表径流、飘逸或淋溶、渗漏入水体的。水体中的蝌蚪对农药比较敏感，尤其是农药中的杀虫剂对蛙类的各生育阶段都有较大的毒性。鱼类作为水中的主要生物，如果水体被一些脂溶性很强的农药污染，即使含量很少，也会因逐步在体内富集，出现慢性中毒而死亡。

（三）农药对作物的影响

农作物本来是施药保护或促进生长发育的对象，除了生长调节剂类主要是用于调控农作物生长发育外，一些控制有害生物为主的农药，在合理使用的情况下也能促进农作物的良好生长，如呋喃丹对水稻、甘蔗、棉花等有明显的促生作用。但是在不合理的浓度情况下，大部分农药对农作物的生长还是有不利影响。许多农作物接触某些农药后，其生理、生化代谢功能受到干扰，影响正常的生长发育过程，即产生农药药害。轻的农药药害只是对个别植株产生为害，而严重的农药药害影响农作物的生长，造成大面积减产，甚至严重时会颗粒无收。农药在不当浓度或使用不科学产生的药害从为害症状可分为局部为害和系统为害。杀菌剂和杀虫剂中产生系统症状的药害相对较少，而植物生长调节剂类和除草剂类农药产生系统药害的概率更高。

第二节　农药安全科学使用

我国已成为世界第二农药生产大国，农药的生产和使用在一定程度上促进了丰产增收的效果，但是农药的不科学使用对生态环境引起了破坏性影响，同时对人们健康也造成了影响。为了避免出现前节所涉及的安全问题，在农药的选购、使用及使用处理等都要安全科学。

一、安全科学选购农药

1. 明确目标，对症选药

首先要了解田间病虫害的发生状况，然后根据病虫症状对症选药，以免用药错误，影响防效，甚至造成更大的为害。植物病害引起的病原种类有多种，主要类别有真菌、细菌、线虫和病毒，没有任何药剂可以同时控制这4种不同病原引起的病害。真菌病害防治药剂目前用的最多，广谱性杀真菌剂也比较多，例如，多菌灵对多种真菌病害都有一定的效果。细菌病害主要对农用链霉素类敏感，很多杀真菌药剂对细菌基本没有任何效果。同样病毒引起的病害主要靠预防和抑制病毒的复制及扩散，而没有杀灭病毒的特效药。因此，在选用农药防治病害时必须弄清病原种类。

对于害虫而言，主要依据其所属类群的特点，结合其口器形式、体型大小及外表质地、营养条件和为害习性特点等方面来综合考虑，从而选择适宜的药剂。如夜蛾等为害性较大的害虫，在其幼龄阶段应该选用辛硫磷、菊酯类或锐劲特等触杀性农药，大龄阶段选用敌百虫等胃毒类农药。蚜虫、吸浆虫等虹吸式口器的害虫则以内吸类杀虫剂为主，在无翅蚜上或者在害虫未造成植物卷叶时用触杀类农药也有较好的效果，如拟除虫菊酯类和氯化烟酰类农药。甲虫成虫、蝼蛄、地老虎等害虫，选用胃毒类农药。

除草剂的选用主要依据农田中优势杂草的种类。明确农田即将发生的优势杂草是单子叶植物还是双子叶植物；是阔叶杂草或是窄叶杂草；是一年生杂草还是多年生杂草；是和栽培作物种、属及生物学相近的杂草还是差别较大的杂草，然后根据除草剂所标注的适用对象选择药剂。

2. 不图便宜，购"放心药"

购药过程中往往出现部分农民为了降低成本，到一些手续不全的个体商贩处购药，导致用药不少，却没有任何防治效果。有些不法个体户，将过期农药更换标签或分装农药时掺杂施假、数量不足，或销售一些劣质农药、冒牌农药，只要利润高便极力向农民推荐。因此，农民要到正规农药销售处购药，购药前认真阅读标签，做到无农药标签或标签残缺不全的不买；标签上"三证"（农药登记证、产品标准号、生产许可证）标示不全的药不买；外观质量不合格的不买；超过产品质量保证期的药不买。然后根据农药外包装认清农药种类：绿色为除草剂、红色为杀虫剂、黑色为杀菌剂、蓝色为杀鼠剂、黄色为植物生长调节剂。

二、安全科学使用农药

1. 科学配制药剂

农药的配制一定要根据农药标签上推荐的用药量使用。配制时要应用准确的衡量器皿，科学的计算。建议应采用"二次法"稀释农药。如果水稀释的农药，先用少量水将农药制剂稀释成"母液"，然后再将"母液"稀释至所需要的浓度；对于拌土、沙等撒施的农药，则应先用少量稀释载体（细土、细沙、固体肥料等）将农药制剂均匀稀释成"母粉"，然后再稀释至所需要的用量。

用药过程中务必防止为减少工作量，擅自提高药液浓度。应该认识到在农药有效浓度内，药剂效果好坏取决于药液的覆盖度，如喷施土壤封闭除草剂时，土壤墒情差，必须加大对水量，以便形成封闭膜，否则药液只呈点状分布，达不到封闭除草的效果。在使用杀虫剂、杀菌剂时，同样需要充足的用水量，因为虫卵、病菌多集中于叶背面、邻近根系的土壤中，如果施药时用水量少，就很难做到整株覆盖，残留在死角中的卵、菌很容易再次暴发。另一方面，一味加大农药使用浓度，会提高防治对象的耐药性，超过安全浓度还会发生药害，增加环境中农药残留，为害非目标生物。尤其是植物生长调节剂类，植物对其浓度变化很敏感，稍有不慎就会造成植物药害。

2. 合理混用农药

由于农村劳动力的缺乏，农民经常会多种药混配在一起，一次性施用。科学的混用农药具有增效、扩大防治谱、降低药剂的使用毒性、延缓抗性、节省劳动力和降低农业成本等优点。然而，生产中经常出现盲目混用农药，不但混用农药的优点没有得到体现，却适得其反，造成药效降低，甚至失效，还可能对作物产生药害。因此，农药的混用要讲科学，只有合理混用才能达到良好的效果。一般来讲，农药的混用要遵守以下原则。

（1）两种混用的农药不能起化学变化。一是混合后发生化学反应致使作物出现药害的农药不能混用。如波尔多液与石硫合剂不能混，石硫合剂与松脂合剂、有机汞类农药、重金属农药等也不能混用。二是酸碱性农药不能混用。常用农药一般分为酸性、碱性和中性3类，酸碱性农药不能混用。三是具有酯、酰胺等结构的农药不宜与碱性农药混用，以免引起酯或酰胺水解。四是一些含硫杀菌剂如代森锌、福美双等不宜与杀虫剂敌百虫、久效磷混用。五是某些离子型农药，特别是除草剂如野燕枯、2甲4氯胺盐、草甘膦等在混用时也会发生反应而降低药效。

（2）混用的农药物理性状应保持不变，混合后产生沉淀的不能混用，如波尔多液不能与石硫合剂混用，否则会产生硫化铜沉淀，进而对作物产生药害。两种乳油类农药混用，要求仍具有良好的乳化性、分散性、湿润性。两种可湿性粉剂类农药混用，则要求仍具有良好的悬浮率及湿润性、展着性能。

（3）不同农药混用不能提高对人、畜、家禽和鱼类的毒性以及对其他有益生物和天敌的为害。

（4）混用农药品种要求具有不同的作用方式和不同的防治靶标，以达到农药混用后扩大防治范围、增强防治效果的目的。

（5）不同种农药混用在药效上要达到增效目的，不能有拮抗作用。如灭草松（苯达松）与烯禾啶（拿捕净）混因拮抗作用而降低对禾本科杂草的防效。禾草灵与2甲4氯或地乐酚等混用，会降低禾草灵对野燕麦的防除效果。

（6）混剂施用后，农副产品中的农药残留量应低于单用的药剂。

（7）农药混用应使农民能降低使用成本。如较昂贵的新型内吸性杀菌剂与较便宜的保护性菌剂品种混用，较昂贵的菊酯类农药与有机磷杀虫剂混用等，均可降低农民的用药成本。

（8）农药混用应现混现用。

3. 选择高效器械

选择合适的药械并正确使用，是农药安全使用的重要方面。目前，农药使用方法中以喷雾方法的应用最为普遍。但在农业生产中，经常可以看到农民在喷雾施药时，喷雾器械"跑、冒、滴、漏"事故严重，边喷药边漏，不但造成满身都是药液，污染全身，严重影响操作者的健康，并且使用药液在靶标作物上不能形成最佳沉积分布，造成大量流失或产生药害。因此，选购喷雾器械时，应选择正规厂家生产、经国家质检部门检测合格的药械，要注意喷雾器（机）上是否有 CCC 标志。

4. 采用科学施药方法

农药使用有多种方法，如种子拌种、沟施、熏蒸、灌根、喷雾土壤、茎叶喷雾、蘸花、浸果等。用药时必须根据药剂特性及用药目的选择正确使用方法，目的是要让药剂接触到要防治的病虫草害。局部为害的病害一般采用喷雾方法，直接杀灭病菌；对于根本入侵的系统为害的病害则有时需要灌根处理；土传病害的控制可以采取灌根或种植作物前土壤熏蒸；在使用喂毒性杀虫剂时应当使喷雾药液充分覆盖作物；对于触杀性农药应尽量使喷头对准靶标喷洒，或者充分覆盖作物，当害虫活动时接触药剂死亡；对于具有经常在叶背面栖息或取食的害虫则应采用叶背定向喷雾的方法；对于内吸性药剂需根据药剂内吸传导特点，定向喷雾；对于非内吸性药剂，由于不能在植物体内传导，因此，尽可能将药剂施在要保护的部位。

5. 根据天气情况施药

气象因子不仅影响有害生物的种群的活动，对农药安全使用也有显著的影响。田间温度、湿度、光照、雨露和气流等气象因子复杂多变，对农药的运动、沉积、分布会产生一定的影响，并最终表现在农药的防治效果、农药在环境中的扩散分布动向方面。这些因素必须在用药过程中考虑清楚。一般情况下建议在晴天 10 时前及 16 时后用药，并且保证用药后 1~2 天内不出现强降雨，确保农药发挥正常效果。

6. 依据病虫害发生规律施药

病虫草害发生有一定的规律，要做到事半功倍的效果，必须在病虫草害发生的一定阶段使用农药。因此，掌握准确的施药的时间十分重要。对于病害，一般应在发病初期，菌量较少，此时施药能够很好的控制菌源基数，达到理想的防治效果。而保护性杀菌剂，应适当提前使用，在病菌未着落在植物表面时使用，才能起到良好的保护效果。害虫幼龄期对杀虫剂敏感，因此往往在初龄幼虫盛发期使用。除草剂使用时间一般比较明确，有些药土壤活性高，宜在播种后杂草出苗前使用；有些除草剂茎叶活性高，宜在杂草出苗后使用。

7. 把握农药安全使用间期

农药安全间隔期是指最后一次施药到作物采收时的天数，即收获前禁止使用农药的天数。安全间隔期的长短，是与药剂的种类、作物种类、地区条件、季节、施药次数、施药方法等因素有关。在实际生产中，最后一次喷药到作物收获的时间应比标签上规定的安全间隔期长。绿色食品农药使用准则严格规定了农药使用的安全间隔期应严格按照农药产品标签或《农药贮运、销售和使用的防毒规程》《农药合理使用准则》的规定执行。为保证农产品残留不超标，在安全间隔期内不能采收。

8. 安全防护 严防中毒

（1）农药配制时的安全防护配药和拌种应选择远离饮用水源、居民点的安全地方，要有专人看管，严防农药、毒种丢失或被人、畜、家禽误食。配药人员应该在农药配制前戴上防护口罩和塑胶手套，穿长袖衣服、长裤和鞋袜，并备有干净的清水，随时备作清洗手和脸。打开农药时应要避免近距离直接对准药瓶口或药袋口。药剂溶解过程中要用棍棒搅拌，任何身体裸露的部分不能接触农药。已配好的药液应尽可能采取密封施药的办法，当天配好的药液当天用完。

（2）施药过程中的安全防护。

首先，施药人员要有一定的用药常识，认真负责、身体健康。凡体弱多病者，患皮肤病和农药中毒及其他疾病尚未恢复健康者，哺乳期、孕期、经期的妇女，皮肤损伤未愈者不得喷药或暂停喷药。喷药时不准带小孩到作业地点。

其次，施药人员打药时必须戴防毒口罩，穿长袖上衣、长裤和鞋、袜。在操作时禁止吸烟、喝水、饮酒、吃东西，不能用手擦嘴、脸、眼睛。

另外，喷药前应仔细检查药械的开关、接头、喷头等处螺丝是否拧紧，药桶有无渗漏，以免漏药污染。喷药过程中如发生堵塞时，应先用清水冲洗后再排除故障。绝对禁止用嘴吹吸喷头和滤网。使用手动喷雾器喷药时应隔行喷。手动和机动药械均不能左右两边同时喷。大风和中午高温时应停止喷药。药桶内药液不能装得过满，以免晃出桶外，污染施药人员的身体。

施药场所应备有足够的水、清洗剂、急救药箱、修理工具等。操作人员如有头痛、头昏、恶心、呕吐等症状时，应立即离开施药现场，脱去污染的衣服，用清水漱口，擦洗手、脸和皮肤等暴露部位，服用急救药并及时送医院治疗。

三、农药施用后的安全处理

1. 安全储存剩余农药

未用完的农药要妥善处理，老人和孩子切勿乱动，并将除草剂单独存放。少量剩余农药应保存在原包装中，在家中开辟一处专门放置农药的较安全的地方，密封贮存，不得用其他容器盛装，严禁用空饮料瓶分装剩余农药。应贮放在儿童和动物接触不到，且凉爽、干燥、通风、避光的地方。不要与食品、粮食、饲料靠近或混放。不要和种子一起存放。贮存的农药包装上应有完整、牢固、清晰的标签农药的基本常识。

2. 安全清洗施药器具和衣物

农药施用作业完成后，要及时将施药药械清洗干净。不要在河流、小溪、井边冲洗，以免污染水源。农药废弃包装物严禁作为它用，不能乱丢，要集中存放，妥善处理。浸种用过的水缸要洗净集中保管。用药时穿的衣物要及时单独清洗，不要用其他衣物一起洗涤。

3. 设置施药作物区域安全标识

施用过高毒农药的地方要竖立标志，在一定时间内禁止放牧，割草，挖野菜，以防人、畜中毒。

第三章 杀虫剂

第一节 有机磷类杀虫剂

(一) 毒死蜱

毒死蜱是美国陶氏化学公司（Dow. Chemical CO.）于1965年开发并研制出来的一种广谱性有机磷酸酯类杀虫剂。随着我国2008年1月彻底停止甲胺磷、对硫磷、甲基对硫磷、久效磷和磷胺5种高毒有机磷农药的生产、流通和使用，毒死蜱作为替代高毒有机磷类农药的主要有机农药品种，对害虫具有触杀、胃毒和熏蒸作用，在我国应用日益广泛。

名称：毒死蜱，中文名：氯吡硫磷，又名：乐斯本、白蚁清、氯吡磷、氯蜱硫磷等，一种非内吸性广谱杀虫剂。英文名：Chlorpyrifos Standard；化学品名：O，O-二乙基-O-（3，5，6-三氯-2-吡啶基）硫代磷酸；分子式：$C_9H_{11}Cl_3NO_3PS$，其分子结构式如下。

商品、剂型：毒死蜱国内目前有乳油、颗粒剂、微乳剂等剂型。其中大部分为40%乳油（毒丝本、新农宝、博乐），使用中以乳油最多，效果好；5%的颗粒剂（佳丝本）主要用于瓜类地下害虫的防治，是取代高毒农药3%呋喃丹颗粒剂的优良品种；30%微乳剂正在逐步推广。

理化特性：毒死蜱纯品为白色结晶，具有轻微的硫醇味；微溶于水，溶于大部分有机溶剂；熔点：42.5~43℃，沸点（常压）：200℃，在土壤中挥发性较高。毒死蜱微溶于水，溶于大部分有机溶剂。毒死蜱在土壤中降解缓慢，Miles et al. 研究表明，毒死蜱在灭菌砂壤土和有机质含量高的土壤中的半衰期分别为119天和>168天，而在未灭菌土壤中分别只有7天和17天。毒死蜱在叶片上残留时间较多，一般在5~7天。

毒理特性：毒死蜱具有中等毒性，对水生生物有极高毒性，可能对水体环境产生长期不良影响，吞食有毒。成人摄入剂量 300mg/kg 时，会表现急性中毒症状：神经和感觉异常，肌肉无力，昏迷。不慎误服：用清水将嘴清洗干净，不要自行引吐，携此标签送医诊治。医生可使用阿托品、解磷定等治疗有机磷农药中毒的药剂，并注意迟发性神经毒性问题。不慎吸入：应将病人移至空气流通处。不慎眼睛溅入或接触皮肤：用大量清水冲洗至少 15min。

作用机理：毒死蜱是乙酰胆碱酯酶抑制剂，属硫代磷酸酯类杀虫剂。通过抑制昆虫体内神经中的乙酰胆碱酯酶 AChE 或胆碱酯酶 ChE 的活性而破坏了正常的神经冲动传导，引起一系列中毒症状：异常兴奋、痉挛、麻痹、死亡。

产品特点：具有胃毒、触杀、熏蒸三重作用，对水稻、小麦、棉花、果树、茶树上多种咀嚼式和刺吸式口器害虫均具有较好防效。混用相容性好，可与多种杀虫剂混用且增效作用明显（如毒死蜱与三唑磷混用）。与常规农药相比毒性低，对天敌安全，是替代高毒有机磷农药（如 1605、甲胺磷、氧乐果等）的首选药剂。杀虫谱广，易于土壤中的有机质结合，对地下害虫特效，持效期长达 30 天以上。无内吸作用，保障农产品、消费者的安全。

防治对象：能够有效防治大多数咀嚼式口器和刺吸式口器昆虫及地下害虫，包括水稻稻飞虱、稻纵卷叶螟、三化螟、稻瘿蚊、介壳虫、绵蚜、斜纹夜蛾、菜青虫、小菜蛾、黄曲跳甲、烟蚜、油菜黏虫、蛴螬等。

使用方法：

（1）防治花生、大豆地下害虫，每亩用 40.7% 乳油 150~200ml 或用 15% 颗粒剂 1.5kg，拌细沙土 50kg，顺垄撒于作物根部，然后划锄。

（2）防治棉花蚜虫和红蜘蛛，每亩用 40.7% 乳油 50ml，对水 30~40kg 喷雾；防治棉铃虫、红铃虫、金刚钻等，每亩用 40.7% 乳油 100~150ml，对水 50~60kg 喷雾。

（3）防治麦田蚜虫、黏虫，每亩用 40.7% 乳油 40ml，对水 40~50kg 喷雾；防治大豆食心虫、斜纹夜蛾、稻螟、稻纵卷叶螟、稻飞虱等，每亩用 40.7% 乳油 80~120ml，对水 50~70kg 喷雾。

（4）防治菜青虫、小菜蛾，每亩用 40.7% 乳油 80~150ml，对水 50~60kg 喷雾。

（5）防治果树食心虫、叶螨、潜叶蛾等，用 40.7% 乳油 800~1 500 倍液喷雾。

使用时应注意远离水产养殖区、蚕室和桑园施药，禁止在河塘等水体中清洗施药器具，避免在开花期使用，以免影响蜂群。操作者切勿让药液接触皮肤和眼睛，若不慎中毒，可按有机磷农药中毒案例，用阿托品或解磷啶进行救治，并应及时送医院诊治。不能与碱性农药混用，建议与不同作用机制杀虫剂轮换使用。对茄科作物和葫芦科作物敏感，不宜在苗期使用。

药害及治理：烟草幼苗对毒死蜱较为敏感，使用不当可能会产生灼烧斑，不宜在苗期使用。相关试验研究也表明，烟草苗期 300~900 倍喷施毒死蜱并未产生明显药害。一旦因操作不当致使烟草幼苗产生药害，应及时喷施大量清水或弱碱水，减轻药害。

（二）辛硫磷

名称：辛硫磷的国际通用名称为 Phoxim，有肟硫磷、倍腈松、倍氰松、腈肟磷、拜辛松等多种商品名称，是生产中常用的广谱性有机磷杀虫剂。辛硫磷化学名：O- a-氰基亚苯基氨基-O，O-二乙基硫代磷酸酯；分子式为：$C_{12}H_{15}N_2O_3PS$；分子结构式如下。

商品、剂型：辛硫磷为棕黄色液体，出售的剂型以45%、50%、70%的辛硫磷乳油制剂为常见，也有5%、10%的颗粒制剂。主要通过触杀和胃毒作用起效果，其杀虫谱广，击倒力强，对鳞翅目幼虫的毒杀效果明显，对虫卵也有一定的杀伤作用。

理化特性：黄色液体（原药为红棕色油），熔点6.1℃，沸点在蒸馏时分解，密度1.178g/ml。溶解度：水1.8mg/L（20℃）。在甲苯、正己烷、二氯甲烷、异丙醇溶解度均>200g/L，微溶于脂肪烃类。在植物油和矿物油中缓慢水解，在紫外光下逐渐分解。在农业生产的田间使用时，残留期短为害性极小，叶面喷雾一般残留期为2~3天；但在土壤中，残留期很长，可达1~2个月，因此可防治地下害虫。

毒理特性：原药毒性稍高于纯品。急性毒性：LD_{50} 2 170mg/kg（雄大鼠经口）；1 000mg/kg（大鼠经皮）；250mg/kg（狗经口）；250~500mg/kg（雌猫和雌狗经口）；250~375mg/kg（雌兔经口）。辛硫磷对人、畜低毒。对蜜蜂有触杀和熏蒸毒性。水生生物忍度限量：鲤鱼和鳟鱼为0.1~1.0mg/kg；金鱼为1~10mg/kg。水生甲壳类动物较为敏感，0.01mg/kg，可致水生枝角类死亡。人一旦不慎中毒，能抑制胆碱酯酶活性。中毒症状有头痛、头昏、恶心、多汗、流涎、瞳孔缩小、腹痛等症状，应及时送往医院参照有机磷中毒进行急救处理。

产品特点：辛硫磷具有胃毒和触杀作用，能够有效防治刺吸式口器和咀嚼式口器昆虫。辛硫磷对光照敏感，易分解；残留期短，残留危险小，但该药施入土中，残留期很长，适合于防治地下害虫。

作用机理：辛硫磷是一种合成的有机磷杀虫剂，是丝氨酸蛋白酶的不可逆抵制剂，能特异性的与酶活性中心的丝氨酸以共价键结合，从而抵制酶的活性，对胆碱酯酶具有强烈的抵制作用，造成胆碱酯酶失去水解乙酰胆碱能力。乙酰胆碱是一种神经递质，神经兴奋时，神经末梢释放乙酰胆碱，传导神经冲动，乙酰胆碱随即被胆碱酯酶水解成胆碱和乙酸而失去作用。辛硫磷抵制胆碱酯酶，使其在体内大量积蓄，使神经兴奋失常，引起虫体震颤、痉挛、麻痹而死亡。

防治对象：能够有效防治麦蚜、麦叶蜂、棉蚜、菜青虫、蓟马、黏虫、烟蚜、苹果小卷叶蛾、梨星毛虫、葡萄斑叶蝉、尺蠖、烟粉虱、烟青虫、稻苞虫、稻纵卷叶螟、叶蝉、飞虱、稻蓟马、棉铃虫、红铃虫等地上害虫，对地老虎、蛴螬、金针虫等地下害虫防效更佳。

使用方法：

（1）茎叶喷雾，一般每亩用50%乳油1 000~2 000倍对水50kg喷雾。

（2）用50%乳油100~165ml，对水5~7.5kg，拌麦种50kg，可防治地下害虫，拌种方可用于玉米、高粱、谷子、花生及其他作物种子。

（3）防治地下害虫可用50%乳油100g，对水5kg，拌麦种50kg，堆闷后播种，可防治地下害虫。

（4）防治卫生害虫可用50%乳油500~1 000倍液喷洒家畜厩舍，防治卫生害虫效果好，对家畜安全。

（5）辛硫磷在烟草上消解速度较快，一般施药1天后，其消解率可达87%~94%，施药5天后的残留含量即能降到ppb（1ppb＝1‰ppm，1ppm＝1μg/ml）级。辛硫磷的推荐使用浓度常用量为330μg/ml，最高使用浓度为500μg/ml在烟草生育期间喷药1~3次，最后1次喷药在采收烘烤前5天进行，这样不仅治虫效果良好，而且最高残留量也<0.2μg/ml，因此是安全的。考虑到人们由其他食物中摄取辛硫磷的必然性和烟草生产上的实际需要，安全使用标准定为50%。辛硫磷乳剂1 000~1 500倍液（330~500μg/ml），在烟草上施药3次，最后1次施药距采收烘烤的安全间隔期为5天，在烟草中最大允许残留量为0.2μg/ml。

药害及治理：黄瓜、菜豆对辛硫磷敏感，易产生药害。高粱对辛硫磷敏感，不宜喷撒使用。玉米田只能用颗粒剂防治玉米螟，不要喷雾防治蚜虫、黏虫等。辛硫磷在大田期不易产生药害，但在漂浮育苗防治蛞蝓、斑潜蝇等害虫时易发生药害。漂浮育苗在大棚或塑料小棚内，施药后无雨水或人工浇水的淋失，药剂保留时间长；剪叶期间棚内最高温度一般在30℃左右，相对湿度90%以上；烟苗幼嫩。因此烟草漂浮苗容易产生药害。辛硫磷漂浮育苗使用浓度为推荐使用浓度和2倍推荐使用浓度时会产生药害，在叶片上产生白色坏死斑点，边缘整齐似花叶状。在烟草苗期一旦由于辛硫磷使用不当产生药害，应及时喷施大量清水冲洗掉残留农药，并掀棚通风。

（三）二嗪磷

名称：二嗪磷1956年由瑞士汽巴—嘉基公司（Ciba-Geigy AG）研发，属高效、中等毒有机磷类杀虫剂，别名有二嗪农、地亚农等；英文通用名称：Diazinon；化学名称：O，O-二乙基-O-（2-异丙基-4-甲基嘧啶-6-基）硫代磷酸酯。其分子式：$C_{12}H_{21}N_2O_3PS$，分子结构式如下。

商品、剂型：25%、40%、50%、60%乳油，2%粉剂，40%可湿性粉剂，5%、10%颗粒剂。

理化特性：黄色液体，沸点83~84℃/26.6Pa，蒸气压12MPa（25℃），相对密度1.11，在水中溶解度（20℃）为60mg/L，与普通有机溶剂不混溶。100℃以上易氧化，中性介质稳定，碱性介质中缓慢水解，酸性介质中加速水解。

毒理特性：本品属中等毒性；急性经皮毒性LD_{50}（mg/kg）：大白鼠为150~600，小白鼠为80~135，兔为130~143。急性经皮毒性LD_{50}（mg/kg）：雄大白鼠为455。二嗪磷在大白鼠体内易降解和排泄。对蜜蜂有高毒。在牛肉、柑橘、蔬菜、猪肉、玉米中最大允许残留量为 0.1mg/kg。安全间隔期 10 天。鲤鱼 TLm（48h）为 3.2mg/L。ADI 为 0.002mg/kg。如中毒，经口中毒者用 1%～2% 苏打水或水洗胃，溅入眼内时，用大量清水冲洗 10～15min，滴入磺乙酰钠眼药，严重时用 10% 磺乙酰钠软膏涂眼；其他对症治疗。误食中毒后解毒剂有硫酸阿托品、解磷定等。

产品特点：商品是灰色或暗棕色液体，纯度约 95%。除含铜杀菌剂、碱性农药外，可与大多数农药混用。在 120℃ 以上分解，易氧化；在碱性介质中稳定，水和稀酸能使它缓慢水解。贮存中，微量水能促进二嗪磷水解，变成高毒的四乙基—硫代焦磷酸酯。不可与碱性农药混用。本品不可与敌稗混用，也不可在施用敌稗前后两周内使用本品。本品不能用铜、铜合金罐、塑料瓶盛装。贮存时放置在阴凉干燥处。

作用机理：具有良好的内吸传导作用，能够抑制昆中体内的乙酰胆碱酯酶合成，对鳞翅目、同翅目等多种害虫有较好的防效。

防治对象：二嗪磷为中等毒性、广谱性杀虫、杀螨剂，有触杀和熏蒸作用，但无内吸性。40% 二嗪磷乳油常用于防治水稻三化螟、二化螟、稻螟蛉、负泥虫、菜青虫，以及卫生害虫和家畜寄生害虫。10% 的二嗪磷颗粒剂常用于防治烟草、花生、甘蔗地的蛴螬、地老虎、蟋蟀等地下害虫，芒果根粉蚧、苹果根瘤蚜，以及其他作物的黄蚂蚁等地下害虫。

使用方法：

（1）防治烟草地下害虫。为害烟草的地下害虫主要有蛴螬、地老虎和蟋蟀等造成烟草缺塘。可在烟草移栽时用 10% 二嗪磷颗粒剂每株 0.5～1.0g 作塘施后盖土浇水，能充分的发挥其触杀和熏蒸作用，杀灭害虫。

（2）防治甘蔗地下害虫。初植蔗，在播种后用 10% 二嗪磷颗粒剂 2kg 拌细土 5kg 撒入定植沟后盖土，能有效杀灭地下害虫，保护蔗根、蔗芽不受害。宿根蔗在开春结合松土，在蔗芽萌发期，用 10% 二嗪磷颗粒剂每亩 2～3kg 拌细土 10kg，撒在根周围后松土培根，使药土埋在根周围发挥其触杀和熏蒸的作用。

（3）防治芒果根粉蚧和苹果根瘤蚜等。结果果树进行冬季土壤管理时，在翻挖根周土壤后，用 10% 二嗪磷颗粒剂 2～3kg 拌细土 10kg，每株用药土 300～500g，撒入翻挖过的土壤中，然后再翻挖 1 次，把药土翻入土中即可。

（4）防治万寿菊等其他作物的黄蚂蚁。在万寿菊等作物的栽培中，局部地区黄蚂蚁的为害也十分严重。可用 10% 二嗪磷颗粒剂每亩 1～2kg 拌细土 5～10kg，在万寿菊等作物移栽后撒在根周围，然后培土浇水盖膜。

药害及处理：二嗪磷防治烟草地下害虫在推荐使用量时不易产生药害，但若与烟苗根部接触会出现药害，可大水漫灌以减轻药害症状。

（四）乐果

名称：中文名，乐果，又名：乐戈，英文名称：Dimethoate，是一种有机磷类内吸性广谱杀虫剂，具有一定的杀螨作用。化学名：O，O-二甲基-S-（N-甲基氨基甲酰甲基）二硫代磷酸酯。分子式：$C_5H_{12}NO_3PS_2$，分子量：229.12。分子结构式如下。

商品、剂型：剂型为1.5%、2%粉剂，40%、50%乳油。

理化特性：乐果纯品为白色针状结晶，具有樟脑气味，工业品通常是浅黄棕色乳剂。在水中溶解度为39g/L（室温）。微溶于水，可溶于大多数有机溶剂，如醇类、酮类、醚类、酯类、苯、甲苯等。易被植物吸收并输导至全株。在酸性溶液中较稳定，在碱性溶液中迅速水解，加热转化为甲硫基异构体，对日光稳定。故不能与碱性农药混用。

毒理特性：乐果为中等毒杀虫剂．原药雄大鼠急性经口LD_{50}为320~380mg/kg，小鼠经皮LD_{50}为700~1 150mg/kg。人的最高忍受剂量为0.2mg/kg/天。雌鸭经口LD_{50}为40 mg/kg，麻雀为22mg/kg，家蚕口服1 000μg/g蚕体未出现中毒症状。对鱼的安全浓度为2.1 mg/kg。蜜蜂LD_{50}为0.09μg/头。

产品特点：乐果是内吸性有机磷杀虫、杀螨剂。杀虫范围广，对害虫和螨类有强烈的触杀和一定的胃毒作用。在昆虫体内能氧化成活性更高的氧乐果，其作用机制是抑制昆虫体内的乙酰胆碱脂酶，阻碍神经传导而导致死亡。

作用机理：吸收后一部分乐果被氧化成抑制胆碱酯酶活性能力更强的氧化乐果，抑制体内胆碱酯酶活性，造成神经生理功能紊乱。据报道，乐果对ChE的抑制是不可逆的。

防治对象：乐果除作为内吸剂外，也有较强的触杀作用。杀虫谱较广，可用于防治蔬菜、果树、茶、桑、棉、油料作物、粮食作物的多种具刺吸口器和咀嚼口器的害虫和叶螨。一般亩用有效成分30~40g。对蚜虫药效更高，亩用有效成分15~20g即可。对蔬菜和豆类等的潜叶蝇有特效，特效期10天左右。主要剂型为40%乳油，也有超低量油剂和可溶性粉剂。毒性较低，在牛体内较快地被谷胱甘肽转移酶和羧基酰胺酶降解为无毒的去甲基乐果和乐果酸，故可用于防治家畜体内外寄生虫。

使用方法：

（1）棉花害虫的防治，棉蚜每亩用40%乳油50ml，或用50%乳油40ml，对水60kg喷雾。同时可用此量防治棉蓟马、棉叶蝉。防治蚜虫和红蜘蛛要重点喷洒叶背，使药液接触虫体效果更好。

（2）水稻害虫的防治，防治灰飞虱、白背飞虱、褐飞虱、稻叶蝉、蓟马，每亩用40%乐果乳油75ml，或用50%乳油50ml，对水75～100 kg喷雾。

（3）蔬菜害虫的防治，防治菜蚜、茄子红蜘蛛、葱蓟马、豌豆潜叶蝇，每亩用40%乳油50ml，对水60～80kg喷雾。

（4）烟草害虫的防治，防治烟蚜虫、烟蓟马、烟青虫，每亩用40%乐果乳油60ml，或用50%乳油50ml，对水60 kg喷雾。

（5）果树害虫的防治，苹果叶蝉、梨星毛虫、木虱用50%乳油1 000～2 000倍液喷雾。柑橘红蜡介、柑橘广翅蜡蝉用40%乳油800倍喷雾。

（6）茶树害虫的防治，防治茶橙瘿螨、茶绿叶蝉，用40%乳油1 000～2 000倍液喷雾。

（7）花卉害虫的防治，瘿螨、木虱、实蝇、盲蝽，用300～500mg/kg浓度药液喷雾。介壳虫、刺蛾、蚜虫在花卉上用40%乳油2 000～3 000倍液喷雾。

药害及处理：乐果对啤酒花、菊科植物、高粱、桃、杏、梅、枣、橄榄、无花果等植物较敏感，应慎用。乐果对牛、羊、家畜的毒性高，喷过药的牧草在1个月内不可饲喂，施过药的田地在7～10天不可放牧。

（五）氧化乐果

名称：氧化乐果又名氧乐果，英文名：Omethoate，化学名：O，O-二甲基-S-[2-（甲胺基）-2-氧代乙基]硫代磷酸酯。氧化乐果是一种有机磷类高效、广谱杀虫、杀螨剂，中等毒性（原药高毒），具有较强的内吸、触杀和一定的胃毒作用，对害虫击倒快。分子式：$C_5H_{12}NO_4PS$，分子量：213.19，分子结构式如下。

商品、剂型：40%乳油、20%乳油、18%乳油、10%乳油。

理化特性：纯品为无色透明油状液体，相对密度1.32，沸点约135℃，有分解，折射率1.4987，可与水、乙醇和烃类等多种溶剂混溶，微溶于乙醚，几乎不溶于石油醚。在中性及偏酸性介质中较为稳定，在高温或碱性乳液中易分解。原油为浅黄至黄色透明油状液体，氧化乐果乳油为淡黄色油状液体。

毒理特性：氧化乐果属于高毒杀虫剂，纯品对大白鼠急性经口LD_{50}为50mg/kg，急性经皮LD_{50}为700mg/kg。对蜜蜂高毒，对蚜虫的天敌瓢虫、食蚜蝇等均有一定的杀伤作用。

产品特点：氧化乐果是一种具有较强的内吸、触杀和一定胃毒作用的有机磷杀虫剂，击倒力较强。正温度系数较小，在低温下仍有较强的杀虫活性，特别适用于防治越冬的蚜虫、螨类、木虱和蚧类等，对鱼类低毒，对蜜蜂、瓢虫、捕食螨等益虫毒性较高。

作用机理：氧化乐果是通过抑制害虫乙酰胆碱酯酶的活性，而导致害虫死亡。氧化乐果可被植物的根、茎、叶吸收进入植物体内，并向上部器官传导。

防治对象：氧化乐果适用作物非常广泛，目前生产上主要用于水稻、小麦、棉花、花生、大豆、苹果、梨、香蕉、林木等植物，用于防治蚜虫类、飞虱类、叶蝉类、木虱类、介壳虫类、叶螨类、瘿螨类、椿象类、蓟马类、松毛虫、二化螟、三化螟、稻纵卷叶螟等多种害虫（螨）。

使用方法：氧化乐果主要应用于喷雾，也可用于涂抹树干。

（1）喷雾。从害虫发生初期或卵孵化盛期开始用药，喷药应及时、均匀、周到。在水稻、小麦、棉花、大豆等粮棉油作物上使用时，一般每亩使用 40% 乳油 100～200ml，或 20% 乳油 200～250ml，或 18% 乳油 220～260ml，或 10% 乳油 400～500ml，对水 45～60L 喷雾；在苹果、梨、柑橘、香蕉等果树上使用时，一般使用 40% 乳油 1 000～1 500 倍液，或 20% 乳油 600～800 倍液，或 18% 乳油 500～700 倍液，或 10% 乳油 300～400 倍液，均匀喷雾。

（2）涂抹。主要应用于苹果和林木。在害虫发生初期，于树木（或主枝）上涂药，涂药前先将涂药部位的老皮刮至韧皮部再涂药，一般刮宽 6～7cm，药干后再涂 1 次。一般使用 40% 乳油 10～15 倍液，或 20% 乳油 5～8 倍液，或 18% 乳油 4～6 倍液，或 10% 乳油 3～4 倍液。

药害及处理：氧化乐果对啤酒花、菊科植物、高粱、桃、杏、梅、枣、橄榄、无花果等植物较敏感，应慎用；不宜在蔬菜、茶树等作物上使用；在无公害农产品生产中禁用；不宜在果树花期及蜜蜂采蜜期使用。在果树上的安全采收间隔期为 21～28 天。

（六）敌百虫

名称：中文名称：敌百虫；别名：敌百虫可溶性粉剂；敌百虫兽用；敌百虫原粉英文名：Trichlorfon，化学名：O，O-二甲基-（2，2，2-三氯-1-羟基乙基）膦酸酯，分子式：$C_4H_8O_4Cl_3P$，分子量：257.44，分子结构式如下。

商品、剂型：90% 可溶性粉剂，80% 可溶性粉剂，50% 可溶性粉剂，40% 乳油，30% 乳油，25% 油剂。

理化特性：敌百虫纯品为白色结晶，工业品为白色块状固体，有良好的气味。其80% 可溶性粉剂外观为白色或灰白色粉末，25% 油剂外观为黄棕色油状液体，5% 粉剂外观为淡黄褐色粉末，能溶于水，易溶于氯仿、醇类、丙酮、苯等有机溶剂，难溶于石油醚及四氯化碳等，挥发性较小。在中性及弱酸性溶液中较为稳定，但其溶液长期放置会分解失效。在碱性溶液中可脱去一份子氯化氢而转化为毒性更高，挥发性较强的敌敌畏，且随着碱性增强，温度升高，转化速度也随之加快，如继续分解即可失效。室温下稳定，高温下遇水分解。敌百虫具有较强的吸湿性，在空气中存放的时间过长时，可吸收水分而变黏稠或结块。

毒理特性：敌百虫属于低毒杀虫剂，原药对雄大鼠急性经口 LD_{50} 为 630mg/kg，雌大鼠急性经口为 LD_{50} 为 560mg/kg，对大白鼠的急性经皮 LD_{50}>2 000mg/kg。

产品特点：敌百虫是一种有机磷类广谱低毒杀虫剂，对害虫具有很强的胃毒作用，兼有一定的触杀作用，对植物具有渗透性，但无内吸传导作用。在碱性溶液中可迅速脱去氯化氢而转化俄日毒性更大的敌敌畏，但不稳定，很快分解无效。

作用机理：敌百虫的是通过抑制害虫体内乙酰胆碱酯酶的活性，破坏神经传导，使害虫过度兴奋而死亡。该药作用迅速，但持效时间较短。

防治对象：敌百虫适用作物非常广泛，可广泛使用于十字花科蔬菜、茄果类蔬菜、水稻、麦类、棉花、甜菜、茶树、桑树、烟草、绿萍、苹果、枣、柑橘、荔枝、林木等多种植物，对菜青虫、斜纹夜蛾、甘蓝夜蛾、甜菜夜蛾、小菜蛾、造桥虫、二化螟、三化螟、稻纵卷叶螟、稻飞虱、蒂蛀虫、叶蝉类、黏虫、棉铃虫、烟青虫、食叶甲虫类、卷叶蛾类、尺蠖类、刺蛾类、毛虫类及根蛆、地老虎、蝼蛄等多种害虫均有很好的防治效果。另外，还可用于家禽防治寄生虫以及防治卫生害虫等。

使用方法：敌百虫主要通过喷雾进行用药，也可用于灌根、毒饵诱杀及刷洗。

（1）喷雾。防治蔬菜、粮棉、烟草、甜菜等植株体相对较小的作物上的害虫时，一般每亩使用90%可溶性粉剂100~150g，或80%可溶性粉剂100~150g，或50%可溶性粉剂200~250g，或40%乳油250~300ml，或30%乳油300~400ml，对水45~75L喷雾；防治果树、茶树、桑树等植株体相对较高大的植物上的害虫时，一般使用90%可溶性粉剂或80%可溶性粉剂1 000倍液，或50%可溶性粉剂500~600倍液，或40%乳油400~500倍液，或30%乳油300~400倍液，均匀喷雾；防治林木上的害虫时，一般每公顷使用25%油剂2 500~3 000克超低量喷雾。从害虫发生初期开始喷药，喷药应及时、周到。

（2）灌根。防治葱、蒜、韭菜、萝卜、白菜等蔬菜的根蛆时，采用灌根用药。在根蛆发生初期，一般使用90%可溶性粉剂或80%可溶性粉剂1 000倍液，或50%可溶性粉剂500~600倍液，或40%乳油400~500倍液，或30%乳油300~400倍液灌根。

（3）毒饵诱杀。防治地下害虫时，多采用毒饵进行诱杀。一般每亩使用90%可溶性粉剂或80%可溶性粉剂80~100g，先加少量水将药剂溶化，然后与炒香的棉籽饼工艺菜籽饼或麦麸或玉米面4~5kg拌匀制成毒饵，也可与切碎的鲜草20~30kg拌匀，制成毒饵，在傍晚撒施于作物根部土表，诱杀害虫。

洗刷：主要应用于防治家畜的体表寄生虫，一般使用90%可溶性粉剂或80%可溶性粉剂400~500倍液洗刷。

药害及处理：使用浓度0.1%左右对一般作物无药害，玉米、部分苹果品种对敌百虫较敏感，用药时应注意；高粱、豆类对该药特别敏感，容易产生药害，不宜使用。在蔬菜、茶叶、水稻上的安全采收间隔期为 7 天，烟草为 10 天。

（七）杀扑磷

早在 19 世纪末和 20 世纪初就广泛开展了对有机磷化学的研究，然而它们的生物活性直到 1932 年才被 Lange 和 Krueger 发现。有机磷化合物重要的实用阶段在第二次世界大战期间及以后得到发展。在第二次世界大战期间，英国人 Saunders 和德国人 Schrader 领导的研究组在合成有机磷神经毒剂时，发现若干化合物对昆虫具有优良的毒效。1941年 Schrader 合成出第一个内吸性有机磷杀虫剂——八甲基焦磷酸酰胺（OMPA）和四乙基焦磷酸酯（TEPP），后者于 1944 年在德国商品化。

名称：中文名：杀扑磷，中文别名：40%杀扑磷乳油；麦达西磷；麦达西磷可湿性粉剂；麦达西磷乳剂；英文名：Methidathion E. C. 化学名：S-2，3-二氢-5-甲氧基- 2-氧代-1，3，4-噻二唑-3-基甲基0，0-二甲基二硫代磷酸酯。分子式：$C_6H_{11}N_2O_4PS_3$，分子量：302.3313。是一种较理想的杀介壳虫药剂，可兼治螨类、粉虱、蚜虫，对梨木虱有特效。分子结构式如下。

商品、剂型：40%乳油，400g/L 乳油。

理化特性：纯品为无色结晶。熔点为 39～40℃ （1.33Pa），相对密度 1.495（20℃），蒸气压 $1.87×10^{-4}$Pa。20℃时溶解度为：环己酮850g/kg，丙酮690g/kg，二甲苯600g/kg，乙醇260g/kg，水250mg/kg。溶解性：易溶于丙酮、苯和甲醇。在中性和弱酸性介质中稳定，但在强酸和碱性介质中不稳定。

毒理特性：雄性及雌性大鼠急性经口 LD_{50}分别为 43.8mg/kg 和 26mg/kg，大鼠急性经皮 LD_{50}150mg/kg（1 546mg/kg），兔 200mg/kg。对眼睛无刺激作用，对皮肤有轻度刺激性。大鼠 2 年饲喂试验最大无作用剂量为每天 0.15mg/kg（0.25mg/kg）。动物试验未见致畸、致癌、致突变作用，三代繁殖试验和神经毒性试验未见异常。虹鳟鱼 LC_{50} 0.01mg/l（96h）。

产品特点：杀扑磷是一种有机磷类广谱性高毒杀虫剂，对害虫具有触杀、胃毒和渗透作用，能渗入植物组织内，可以杀死叶背及隐藏在叶丛中的害虫；但没有内吸传导作用。该药对刺吸式口器和咀嚼式口器害虫均具有很好的杀灭活性，尤其对介壳虫具有特效，并对螨类有一定控制作用，持效期可达 20～30 天。对鱼类高毒，对蜜蜂和鸟类低毒。

作用机理：杀扑磷的杀虫机制是作用于虫体内的乙酰胆碱酯酶系统，抑制其活性，使害虫异常兴奋、麻痹死亡。

防治对象：杀扑磷适用作物非常广泛，目前生产上主要使用于苹果、梨、桃、杏、李、柿、枣、核桃、柑橘、林木等果树林木及棉花等植物，主要用于防治各种介壳虫的发生为害，并对蚜虫、棉铃虫、盲蝽、棉蚜、梨木虱、潜叶蛾等害虫均具有很好的杀灭活性。

使用方法：杀扑磷主要应用于喷雾。在苹果、梨、桃、杏、李、柿、枣等落叶果树萌芽期喷施时，一般使用40%乳油或400g/L乳油800~1 000倍液均匀喷雾；在果树生长期喷施时，一般使用40%乳油或400g/L乳油1 000~1 500倍液均匀喷雾。另外，防治成蚧时，一般喷施800~1 000倍液；防治若蚧时，一般喷施1 000~1 500倍液。

在棉花上使用时，从害虫盛发初期或卵孵化盛期开始用药，一般每亩使用40%乳油或400g/L乳油80~100ml，对水45~60L均匀喷雾。

药害及处理：应避免在花期喷雾，以免引起药害，使用时间以开花前为宜，使用浓度不应随意加大，否则会引起褐色叶斑。在6—7月，气温超过30℃以上用800~1 000倍，幼果极易产生药害。

（八）三唑磷

名称：中文名：三唑磷，英文名：Triazophos，化学名称：O，O-二乙基-O-（1-苯基-1，2，4-三唑-3-基）硫代磷酸酯。分子式：$C_{12}H_{16}N_3O_3PS$，分子量：313.0，是一种广谱有机磷杀虫剂、杀螨剂、杀线虫剂，主要用于防治果树、棉花、粮食类作物上的鳞翅目害虫、害螨、蝇类幼虫及地下害虫等。分子结构式如下。

商品、剂型：20%乳油，20%水乳剂，30%乳油，40%乳油，60%乳油。

理化特性：纯品为浅棕黄色液体，熔点0~5℃，比重1.247，30℃时，蒸气压为0.387mPa，20℃时在水中的溶解度为35mg/L；可溶于大多数有机溶剂。对光稳定，在酸、碱介质中水解，140℃分解。

毒理特性：大鼠急性口服LD_{50}为82mg/kg，大鼠急性经皮LD_{50}为1 100mg/kg。

产品特点：三唑磷是一种有机磷类广谱中等毒性杀虫剂，并有一定的杀螨、杀线虫效果，具有强烈的触杀和胃毒作用，渗透性较强，无内吸作用，杀虫效果好，尤其对鳞翅目害虫卵的杀灭作用突出。对鱼、家蚕、蜜蜂有毒。

作用机理：三唑磷的作用机制是抑制害虫的乙酰胆碱酯酶的活性，使害虫中毒死亡。

防治对象：三唑磷可广泛使用于水稻、玉米、小麦、大豆、花生、棉花、草地、苹果、山楂、柑橘等多种植物，用于防治二化螟、三化螟、稻纵卷叶螟、稻飞虱、水象甲、稻瘿蚊、草地螟、棉铃虫、红铃虫、绿盲椿、蚜虫、菜青虫、玉米螟、黏虫、食心虫、卷叶蛾等多种害虫。

使用方法：三唑磷主要通过喷雾防治害虫，从害虫发生初期或卵孵化盛期开始喷药。在水稻、棉花等粮棉油菜及草地上用药时，一般每亩使用20%乳油或20%水乳剂120~150ml，或30%乳油80~100ml，或40%乳油60~75ml，或60%乳油40~50ml，对水45~60L喷雾。

在苹果等果树上用药时，一般使用20%乳油或20%水乳剂600~1 000倍液，或30%乳油1 000~1 500倍液，或40%乳油1 500~2 000倍液，或60%乳油2 000~3 000倍液，均匀喷雾。喷药要及时，以保证防治效果。

药害及处理：本剂对蜜蜂有毒，因此果树开花期不能使用；甘蔗对于三唑磷较敏感，不宜使用。一般作物的安全采收间隔期为1周。

第二节　氨基甲酸酯类杀虫剂

（一）涕灭威

名称：英文通用名称：Aldicarb，中文名称：铁灭克（Temik）、丁醛肟威。

商品、剂型：15%颗粒剂。

理化特性：原药为具有硫黄气味的白色结晶，熔点100℃，25℃时水中溶解度为0.6%，20℃时蒸汽压<6.67Pa，密度为1.195g/ml。可溶于丙酮、苯、四氯化碳等大多数有机溶剂，如丙酮、氯仿、甲苯。遇强碱不稳定。具有触杀、胃毒、内吸作用。施于土壤后，能很快被植物根部吸收，并传导到地上各部位，特效期较长。

毒理特性：涕灭威的毒理机制表现为对胆碱酯酶具有强烈抑制作用，从而导致副交感神经中毒。涕灭威亚枫具有比亲体和涕灭威枫更强的胆碱酯酶抑制作用，对昆虫酶制品，亚枫的抑制能力比后二者分别强25和47倍；而对牛红血细胞酶的抑制能力则分别要强23和60倍。急性和慢性毒性试验均表明，哺乳动物染毒涕灭威或其氧化代谢物后可立即引起红血球和淋巴细胞胆碱酯酶活性明显降低，其中红血球胆碱酯酶活性是反映涕灭威及其氧化产物毒性录灵敏的生化指标，对其他组织胆碱酯酶活性无影响的剂量即能使红血球胆碱酯酶活性受到明显抑制。

产品特点：涕灭威具有触杀、胃毒和内吸作用，能被植物根系吸收，传导到植物地上部各组织器官。速效性好，持效期长。撒药量过多或集中在撒布在种子及根部附近时，易出现药害。涕灭威在土壤中易被代谢和水解，在碱性条件下易被分解。

作用机理：吸附昆虫体内神经元释放的乙酰胆碱酯酶，使传导昆虫神经冲动的乙酰胆碱无法水解，在突触处大量积累，从而干扰神经冲动的正常传导，诱发神经毒素，导致昆虫死亡。

防治对象：适用于防治蚜虫、螨类、蓟马等刺吸式口器害虫和食叶性害虫，对作物各个生长期的线虫有良好防治效果。

使用方法：

（1）涕灭威属高毒农药，只限于作物沟施或穴施，在播种前或出土后根侧土中追施。

（2）棉蚜、棉盲蝽、棉叶蜂、棉红蜘蛛、棉铃象甲、粉虱、蓟马、线虫等害虫的防治可用。

①沟施法：每亩用5%涕灭威颗粒剂600～1 200g，掺细土5～10kg，拌匀后按垄开沟，将药沙土均匀施入沟内，播下种子后覆土。

②根侧追施法：棉花出苗后，现蕾时追施，采用条施后穴施。距棉株10～15cm开沟或开穴，每亩有效成分60～120g，施后覆土。

（3）线虫的防治。可在播种或作物生长期使用，用穴施或沟施法能有产防治各种线虫。防治生根结线虫每亩有效成分170～200g，大豆胞囊线虫每亩有效成分100～150g。

药害及处理：撒药量过多或集中在撒布在种子及根部附近时，易出现药害。涕灭威在土壤中易被代谢和水解，在碱性条件下易被分解。

（二）灭多威

名称：万灵；灭虫快；S-甲基-N［（甲基氨基甲酰）-氧］硫代乙酰胺；乙肟威；1-（甲硫基）亚乙基氨甲基氨基甲酸酯；灭多威原药；1-（甲硫基）亚乙基氮N-甲基氨基甲酸酯。

商品、剂型：可湿性粉剂、可溶性粉剂或乳油。

理化特性：气味：略具有硫黄的气味。蒸气压：$6.67×10^{-3}$ Pa（25℃）。溶解性：在水中的溶解度为58g/L，可溶于丙酮、乙醇、甲醇、异丙醇。剂型为可湿性粉剂。溶解度为：甲醇100%，丙酮73%，乙醇42%，异丙醇22%，甲苯3%，水5.8%。在水溶液中较稳定，在水溶液中较稳定，在土壤中易分解。其水溶液无腐蚀性，贮存稳定。灭多威为高毒杀虫剂，挥发性强，吸入毒性高，对眼睛和皮肤有轻微刺激作用，在试验剂量下无致畸、致突变、致癌作用，无慢性毒性，对鸟、蜜蜂、鱼有毒。乳油、水剂、可湿性粉剂。灭多威具有触杀和胃毒作用，无内吸、熏蒸作用，具有一定的杀卵效果，对有机磷已经产生抗性的害虫也有较好防效。

毒理特性：是一种内吸性杀虫剂，可以有效地杀死多种害虫的卵、幼虫和成虫。具有触杀和胃毒双重作用，进入虫体后，抑制乙酰胆碱酯酶，使昆虫神经传导中起重要作用的乙酰胆碱无法分解造成神经冲动无法控制传递，使昆虫出现惊厥、过度兴奋、麻痹与震颤而无法在作物上取食，导致最终死亡。昆虫的卵与药剂接触后通常不能活过黑头阶段即使有孵化，也很快死亡。

产品特点：一种内吸性具有触杀、胃毒作用的氨基甲酸酯类的广谱杀虫剂，具有挥发性强、吸入毒性高等特性。

作用机理：吸附昆虫体内神经元释放的乙酰胆碱酯酶，使传导昆虫神经冲动的乙酰胆碱无法水解，在突触处大量积累，从而干扰神经冲动的正常传导，诱发神经毒素，导致昆虫死亡。

防治对象：适用于棉花、烟草、果树（柑橘、苹果除外）、蔬菜（十字花科蔬菜除外）防治蚜虫、蛾、地老虎等害虫，是目前防治抗药性棉蚜良好的替换品种。

使用方法：

（1）棉花害虫的防治。每亩用20%乳油50~75ml，对水30~40kg喷雾，可有效防治棉铃虫，兼治棉蚜、蓟马等害虫。

（2）蔬菜害虫（十字花科蔬菜除外）的防治。每亩用20%乳油50~75ml，对水30~40kg喷雾，可有效防治菜青虫、桃蚜、小菜蛾。

（3）花生、大豆害虫的防治。每亩用20%乳油50~60ml，对水30~40kg喷雾，可有效防治尺蛾、豆甲、顶灯蛾、叶蝉等。

（4）甜菜害虫的防治。每亩用20%乳油50~60ml，对水30~40kg喷雾，可有效防治跳甲、甜菜夜蛾、蚜虫等。

药害及处理：灭多威浓度过高，易出现药害，可和水胺硫磷、杀灭菊酯、硫丹等混合使用，利用其杀卵效果好的特点。

（三）杀线威

名称：草安威、草肟威、甲氨叉威，Vydate，Pratt，Thioxamyl，DPX1410，Shaughnessy 103801。

商品、剂型：24%可湿性粉剂及油剂；10%颗粒剂。

理化特性：白色结晶固体，略带硫的臭味；两种异构体：苯中重结晶的熔点是109~110℃；水中重结晶的熔点是101~103℃，在100~102℃熔化，变化到另一种结晶时，熔点为108~110℃；比重 d2540.97；蒸气压 0.051Pa（25℃）；0.187Pa（40℃；1.013Pa（70℃）；25℃时100g溶剂的溶解度如下：水28g，丙酮67g，乙醇33g，异丙醇11g，甲醇144g，甲苯1g，其水溶液是无腐蚀性的。在固态和大多数溶剂中是稳定的。在天然水中和土壤中分解产物是无害的，通风、阳光、碱性介质、升高温度会增加其分解速度。DT50>31天（pH值5），8天（pH值7），3小时（pH值9）。

毒理特性：急性毒性：LD_{50}：5.4mg/kg（大鼠经口）；740mg/kg（兔经皮）。

产品特点：黑棕色，有像蒜的臭味。含量95%~97%。密度1.30~1.32。折射率1.530~1.533（25℃）。不溶于水，溶于多种有机溶剂。性稳定，难挥发。

作用机理：具有内吸触杀性的杀虫、杀螨和杀线虫剂，能通过根或叶部吸收；在作物叶面喷药可向下输导至根部，可防治多种线虫的为害。和其他氨基甲酸酯类杀虫剂一样，它的杀虫作用是由于抑制了昆虫体内的胆碱酯酶所致。

防治对象：棉花、马铃薯、柑橘、花生、烟草、苹果等作物及某些观赏植物，防治蓟马、蚜虫、跳甲、马铃薯瓢虫、棉斜纹夜蛾、螨等。

使用方法：叶面喷雾，一般用量为0.2~1.0kg有效成分/hm²，有一定持效性。同苯菌灵、克菌丹等混用，可防治苹果疮痂病。防治线虫有广谱性，可作叶面处理，亦可作土壤处理。叶面处理的用量是0.5~1.0kg有效成分/hm²；如在播种前混土处理，其用量为3.0~6.0kg有效成分/hm²。在苏联，杀线威10%颗粒剂被推荐用于防治黄瓜和番茄地的根线虫。还被用以防治糖用甜菜的球形胞囊线虫、马铃薯的茎线虫、洋葱和大蒜的茎线虫，以及草莓茎线虫。

药害及处理：在土壤中能迅速降解，当剂量为12kg/hm²时，6周后即被降解到基本上检测不到的水平。

（四）克百威

名称：呋喃丹；大扶农；2，3-二氢-2，2-二甲基-7-苯并呋喃基-N-甲基氨基甲酸酯；呋喃丹颗粒剂；克百威颗粒剂；虫螨威粉剂（3%）；卡巴呋喃粉剂（3%）；呋喃丹粉剂（3%）；大扶农粉剂（3%）；克百威粉剂（3%）。

商品、剂型：35%种子处理剂、3%颗粒剂。

理化特性：纯品为白色结晶，无臭味，可溶于多种有机溶剂，难溶于二甲苯、石油醚、煤油。遇明火、高热可燃。受热分解放出有毒的氧化氮烟气。有害燃烧产物为一氧化碳、二氧化碳、氧化氮。无腐蚀性，对热；光；酸均稳定，但在碱性介质中不稳定，无味，无臭。在中性、碱性条件下较稳定，在碱性介质中易水解失效。pH值5.2时半衰期为1 600天（25℃）；pH值7时半衰期为28天（28℃）；pH值9时半衰期为7h（26℃）。

毒理特性：毒理机制为抑制胆碱酯酶，但与其他氨基甲酸酯类杀虫剂不同的是，它与胆碱酯酶的结合不可逆，因此毒性高。

产品特点：高效高毒的氨基甲酸酯杀虫、杀线虫剂。商品名呋喃丹、大扶农。对人、畜高毒，对眼睛和皮肤无刺激作用。对鱼类毒性较高，对蜜蜂安全。杀虫谱广兼有杀线虫作用。

作用机理：可被植物根系吸收，并能输送到植物各部位，以叶面积累较多，特别是叶缘，在果实中含量较少。在土壤中半衰期为30~60天。稻田水面撒药，残效期较短，施于土壤中残效期较长，在棉花药效可维持40天左右。对人、畜高等毒性。对鱼、鸭、鹅毒性高。

防治对象：呋喃丹是氨基甲酸酯类广谱内吸杀虫杀螨杀线虫剂，可用于多种作物防治土壤内及地面上的300多种害虫和线虫。并有缩短作物生长期；促进作物生长发育从而有效提高作物产量的作用。呋喃丹对昆虫的致毒方式，主要是内吸杀虫作用。药剂施于土壤作物的根基部分，根系吸收后随水分输送到茎叶部，以达到治虫的目的；呋喃丹还有触杀作用。用于防治棉花蚜虫，水稻，玉米根虫，对水稻；玉米；花生等作物大部分害虫有效。

使用方法：

（1）防治稻螟、稻飞虱、稻蓟马、稻叶蝉、稻瘿蚊、水稻潜叶蝇、稻水象甲、稻摇蚊等，可采用以下方法。

根区施药：在播种或插秧前，每亩用3%呋喃丹颗粒剂2.5~3.0kg，残效期可达40~50天。亦可在晚稻秧田播种前施用，对稻瘿蚊防治效果尤佳。

水面施药：每亩用3%呋喃丹颗粒剂1.5~2.0kg，掺细土15~20kg拌匀，均匀撒施水面，保持浅水，同时可兼治蚂蝗。为增加撒布的均匀度，可将上述药量的3%呋喃丹颗粒剂与10倍量的半干土混合均匀，配制成毒土，随配随用，均匀撒施于水面。在保水好时，持效期可达30天。

播种沟施药：在陆稻种植区，3%呋喃丹颗粒剂与稻种同步施入播种沟内，每亩用药量为2.0~2.5kg。

旱育秧水稻：在插秧前7~10天向秧田撒施3%呋喃丹颗粒剂，每亩用（秧田）7~

10kg，即每平方米秧田撒施 10~15g，可防治本田发生的水稻潜叶蝇。

（2）防治棉蚜、棉蓟马、地老虎及线虫等，根据各地区的条件可选用以下方法。

播种沟施药：在棉花播种时，每亩用 3% 呋喃丹颗粒剂 1.5~2.0kg，与种子同步施入播种沟内。用机动播种机带有定量下药装置施药，则既准确又安全。

根侧追施：一般采用沟施或穴施方法进行追施，沟施每亩用 3% 呋喃丹颗粒剂 2~3kg，距棉株 10~15cm 沿垄开沟，深度为 5~10cm，施药后即覆土。穴施以每穴施 3% 颗粒剂 0.5~1.0g 为宜，在追施后如能浇水，效果更好，一般在施药 4~5 天后才能发挥药效。

种子处理：棉种要先经硫酸或泡沫硫酸脱绒，每千克棉种用 35% 呋喃丹种子处理剂 28ml 加水混合拌种。

（3）防治烟草夜蛾、烟蚜、烟草根结线虫以及烟草潜叶蛾、小地老虎、蝼蛄等地下害虫。

苗床期施药：每平方米用 3% 呋喃丹颗粒剂 15~30g，均匀撒施于苗床上面，然后翻入土中 8~10cm，移栽烟苗前 1 周，需再施药 1 次，施于土面，然后浇水以便把呋喃丹有效成分淋洗到烟苗根区，可保护烟苗移栽后早期不受害虫为害。

本田施药：移栽烟苗时在移栽穴内施 3% 呋喃丹颗粒剂 1~1.5g。

（4）防治大豆及花生害虫。

大豆蚜、大豆根潜蝇及大豆胞囊线虫：在播种沟内施药防治，每亩用 3% 呋喃丹颗粒剂 2.2~4.4kg，施药后覆土。

花生蚜、斜纹夜蛾及根结线虫：在播种期采取带状施药的方法，带宽 30~40cm，每亩用 3% 呋喃丹颗粒剂 4~5kg，施药后翻入 10~15cm 中。在花生成株期，可侧开沟施药，每 10m 长沟内施 3% 呋喃丹颗粒剂 33g，然后覆土。

（5）防治玉米害虫。用 3% 呋喃丹颗粒剂，于玉米喇叭口期按照 3~4 粒/株的剂量逐株放入玉米叶心（喇叭口），可达到良好的防虫效果。另外每千克玉米种子用 35% 呋喃丹种子处理剂 28ml，加水 30ml 混合拌种，可有效地防治地下害虫。

（6）防治甜菜、蔬菜害虫。35% 呋喃丹种子处理剂用于甜菜、油菜等多种作物拌种，防治幼苗期跳甲、象甲、蓟马、蚜虫等多种害虫。具有黏着力强、展着均匀、不易脱落、成膜性好、干燥快、有光泽、缓释等优点。甜菜每千克种子用 35% 呋喃丹种子处理剂 23~28ml，加 40~50ml 水混合均匀后拌种。如兼防甜菜立枯病可加 50% 福美双可湿性粉剂 8g 加 70% 土菌消可湿性粉剂 5g 加增产菌浓缩液 5ml 混合拌种，拌药最好用拌药机。油菜每千克种子用 35% 呋喃丹种子处理剂 23~28ml，加水 30~40ml 加 50% 福美双可湿性粉剂 8g 加 70% 土菌消可湿性粉剂 5g 加增产菌浓缩液 5ml 混合拌种，可做到病虫兼治，培育壮苗。

药害及处理：土施呋喃丹颗粒剂等内吸药剂而引起药害，应及时采取排灌洗药的措施，即先对地表进行大水漫灌，再灌 1~2 次流动水，以洗去土壤中残留的农药。

（五）甲萘威

名称：（1-萘基）-N-甲基氨基甲酸酯；西维因；胺甲萘；甲基氨基甲酸 1-萘（基）酯；西维因原粉（90%~95%）；西维因粉剂；1-萘基-N-甲基氨基甲酸酯；N-

甲基氨基甲酸-1-萘酯；O-（1-萘基）-N-甲基氨基甲酸酯。

商品、剂型：25%可湿性粉剂，3%粉剂。

理化特性：熔点：142℃，沸点：315℃，闪点：202.7℃，水溶性：0.00826g/100ml。纯品为白色结晶，熔点：142℃，相对密度1.232（20℃），蒸气压为0.666Pa（25℃）。溶解度为：二甲基甲酰胺>45%，丙酮>20%，环己酮>20%，甲乙酮>15%，氯仿>10%，乙醇>5%，甲苯>1%，水40mg/L（30℃）。对光、热较稳定，遇碱性物质迅速分解失效，对金属无腐蚀作用。工业品略带灰色或粉红色。

毒理特性：具有触杀及胃毒作用，能抑制害虫神经系统的胆碱酯酶使其致死。通过吸附昆虫体内神经元释放的乙酰胆碱酯酶，使传导昆虫神经冲动的乙酰胆碱无法水解，在突触处大量积累，从而干扰神经冲动的正常传导，诱发神经毒素，导致昆虫死亡。

产品特点：氨基甲酸酯类杀虫剂，具有触杀、胃毒作用，微有内吸性质，能防治150多种作物的100多种害虫。

作用机理：抑制胆碱酯酶，使乙酰胆碱在组织中蓄积，其抑制胆碱酯酶的作用持续时间较短，停止接触后，胆碱酯酶恢复较快。

防治对象：用于防治稻飞虱、叶蝉、蓟马、豆蚜、大豆食心虫、棉铃虫及果树害虫、林业害虫等。

使用方法：主要以可湿性粉或悬浮剂对水喷雾。

药害及处理：叶面和植株喷洒药后引起的药害，且发现及时，可迅速用大量清水喷洒受害叶面2~3次，增施磷肥，中耕松土，促进根系发育，以增强作物恢复能力。

（六）混灭威

名称：混二甲苯基甲胺基甲酸酯。

商品、剂型：乳油、速溶乳粉或粉剂。

理化特性：是无色透明至浅褐色黏稠液体，熔点25℃，沸点275℃，密度1.129（20℃），蒸气压19.2mPa（25℃），水中溶解度1.1g/L（25℃），可与丙酮、乙腈、氯仿、环己酮、二氯甲烷、甲醇、甲苯等相混。常温下贮存至少2年，50℃可保存3个月。

毒理特性：雄大白鼠急性经口毒性LD_{50}为441~1 050mg/kg，雌大白鼠急性经口毒性LD_{50}为295~626mg/kg。原油（精制品）对小白鼠急性经口毒性LD_{50}为214mg/kg，原药对小白鼠急性经口毒性LD_{50}为130~180mg/kg。小白鼠急性经皮毒性LC_{50}>400mg/kg。红鲤鱼TLm（48h）为30.2mg/kg。

产品特点：为中等毒性杀虫剂。有强烈的触杀作用，击倒速度快，但残效期只有2~3天，其药效不受温度的影响，在低温下仍有很好的防效。

作用机理：吸附昆虫体内神经元释放的乙酰胆碱酯酶，使传导昆虫神经冲动的乙酰胆碱无法水解，在突触处大量积累，从而干扰神经冲动的正常传导，诱发神经毒素，导致昆虫死亡。

防治对象：对双翅目、鳞翅目和同翅目等害虫有特效，对稻飞虱、叶蝉有特效，对蓟马、稻苞虫、棉蚜、棉铃虫、棉小造桥虫、豆蚜、大豆食心虫、大豆麦蛾、黏虫、小玉米螟、地下害虫和地老虎、蛴螬以及茶树、果树害虫均有较好的防治效果。

使用方法：

（1）防治稻飞虱、稻叶蝉等，每亩用 50%乳油 100~125ml，对水 60~70kg 喷雾；也可用每亩 3%粉剂 1.5~2kg 喷撒。

（2）防治棉叶蝉、棉铃虫、棉蚜等，每亩用 50%乳油 100~200ml，对水 60~80kg 喷雾。

（3）防治茶树长白蚧。每亩用 50%乳油 250~300ml，对水 70~100kg 喷雾。

药害及处理：本药即持效期 7 天左右，在作物收获前 7 天停止使用，有蔬果作用，故宜在花期后 2~3 周前使用，不能在烟草上使用，不得与其他碱性化肥、农药混用。如发生中毒，可服用或注射阿托品治疗，忌用"解磷毒"。

（七）丁酮威

名称：别名 O-（N-甲基氨甲酰）-3-甲巯基丁酮肟。

商品、剂型：50%乳油；5%液剂。

理化特性：工业品为浅棕色黏稠液，在低温下可得白色结晶，熔点 37℃。20℃时密度为 1.12，蒸气压为 10.6mPa/20℃，蒸馏时分解。易溶于大多数有机溶剂，但略溶于四氯化碳和汽油。20℃时在水中溶解 3.5%，在 pH 值 5~7 时稳定，能被强酸和碱水解。对水分、光照和氧均稳定。工业品是顺式和反式异构体的混合物，顺式：反式=15：85，纯反式异构体的熔点为 37℃。

毒理特性：对大鼠急性口服 LD_{50} 值为 153~215mg/kg；皮下注射 LD_{50} 值为 188mg/kg；吸入（气雾 4 小时）LC_{50} 值为 1mg/L 空气。对兔急性经皮 LD_{50} 值为 360mg/kg。大鼠 2 年饲喂试验的无作用剂量为 100mg/kg。90 天喂饲的无作用剂量：狗为 100mg/kg 饲料；大鼠为 5mg/（kg·d）。对日本鹌鹑的 LC_{50} 值为 1 180mg/kg 饲料，野鸭 LD_{50} 为 64mg/kg。本品对眼有刺激。丁酮威高剂量（300mg/kg 饲料）喂白鼠两年，无致癌作用，对鼠的生育力和生长速度也无任何影响，对鼠伤寒沙门氏菌的试验，未出现有致突变作用。对鱼毒性（24 小时的 LC_{50}）：虹鳟鱼 35mg/L，金鱼 55mg/L，鲱鱼 70mg/L。

产品特点：具有触杀和胃毒作用的内吸性杀虫剂。

作用机理：通过植物的根和叶吸收；它和其他氨基甲酸酯类杀虫剂一样，在动物体内是胆碱酯酶的抑制剂。

防治对象：对刺吸式口器害虫有特效，也能防治螨类。目前主要用以防治蔬菜和果树的害虫如蚜虫、介壳虫、粉虱、蓟马等；也可防治棉花、烟草、麻、大田作物和观赏植物上的害虫。

使用方法：通常是以 50%乳油稀释成 0.1%浓度，或 5%液剂稀释成 1%的浓度作喷雾使用，剂量为 2.5~4.2kg 有效成分/hm²，持效期可达 15~20 天。花卉作水溶液培养（hydro culture），每升水培养液中可加入 5%液剂 1ml，以防治虫害。

药害及处理：浓度过高，产生药害，在土壤和植物体中，甲胺部分能脱落，硫原子渐即被氧化为亚砜和砜基。丁酮威本身的半衰期为 3~5 天，但成为各种代谢物约需 15 天。

（八）丙硫克百威

名称：N-[2，3-二氢-2，2-二甲基苯并呋喃-7-基氧羰基（甲基）氨硫基]-

N-异丙基-β-丙氨酸乙酯；苯并呋喃硫酰氯；N-（2，3-二氢-2，2-二甲基苯并呋喃-7-基氧羰基（甲基）氨硫基）-N-异丙基-β-丙氨酸乙酯；安克力；丙硫克百威；呋喃威；安克威。

商品、剂型：3%、5%、10%颗粒剂，20%乳油。

理化特性：外观性状为红棕色黏稠液体，闪点100℃，相对密度1.142（20℃），蒸气压26.7Pa（20℃），能溶于苯、二甲苯、二氯甲烷、丙酮等多种有机溶剂，在水中溶解度为8.1mg/L，分配系数（正辛醇/水）20 000（20~22℃）。在中性或弱碱性介质中稳定，在强酸或碱性介质中不稳定，常温下贮存2年稳定，在54℃条件下30天分解0.5%~2.0%。分子式：$C_{20}H_{30}N_2O_5S$，分子量：410.5280，相对密度：1.138g/cm³。

毒理特性：丙硫克百威为中等毒性杀虫剂。大、小鼠急性经口 LD_{50} 为138mg/kg、175mg/kg，狗急性经口 LD_{50} 为300mg/kg，小鼠急性经皮 LD_{50}>288mg/kg，大鼠急性经皮 LD_{50}>2 000mg/kg，对皮肤和眼睛无刺激作用，对鱼高毒。

产品特点：丙硫克百威是克百威低毒化品种，是胆碱酯酶的抑制剂，具有触杀、胃毒和内吸作用，持效期长。

作用机理：吸附昆虫体内神经元释放的乙酰胆碱酯酶，使传导昆虫神经冲动的乙酰胆碱无法水解，在突触处大量积累，从而干扰神经冲动的正常传导，诱发神经毒素，导致昆虫死亡。

防治对象：主要用于防治水稻、棉花、玉米、大豆、蔬菜及果树的多种刺吸口器和咀嚼口器害虫。

使用方法：

（1）土壤处理。每亩用5%颗粒剂800~1 200g或10%乳油400~600g作土壤处理防治玉米害虫，甜菜及蔬菜上的跳甲、马铃薯甲虫、金针虫、小菜蛾及蚜虫等。

（2）种子处理。每100kg种子用0.4~2kg 20%丙硫克百威拌种。

药害及处理：对人畜毒性中等，在害虫体内转为克百威起杀虫作用，在碱性条件下易被分解。

（九）丁酮砜威

名称：O-［N-甲基氨基甲酰基］-3-（甲基磺酰）-2-丁酮肟

商品、剂型：胶纸板条（40mm×8mm），每条含有效成分50mg（含丁酮氧威有效成分相当于重量的10%），药剂夹在两纸条的中间。

理化特性：无色结晶固体，蒸馏时分解。20℃时蒸气压为0.267mPa，密度为1.3816，熔点85~89℃。溶解性：丙酮中172g/L，水中209g/L，四氯化碳中5.3g/L，氯仿中186g/L，环己烷中0.9g/L，庚烷中100mg/L，异丙醇中101g/L，甲苯中29g/L。极易溶于水、甲醇、三氯甲烷、二甲基甲酰胺、二甲亚砜等，稍溶于苯、乙酸乙酯和脂肪烃，难溶于石油醚和四氯化碳。在中性介质中稳定，但易被强酸和碱水解。工业品是顺式和反式异构体的混合物，顺式：反式=15:85，纯反式异构体的熔点为83℃。

毒理特性：急性口服 LD_{50} 值：原药对大鼠为458mg/kg，对兔为275mg/kg；胶纸板条（丁酮氧威加工品）对大鼠>5g/kg。大鼠急性经皮 LD_{50}>2g/kg。皮下注射 LD_{50} 值雌性大鼠为288mg/kg。90天喂饲大鼠的无作用剂量是300mg/kg饲料；1g/kg饲料对红血球和血浆胆碱酯酶有轻微抑制作用。本品无累积毒性。本品对母鸡的急性经口 LD_{50} 为 367mg/kg，对鲤鱼的 LC_{50}（96h）为 1.75g/L，虹鳟鱼为 170mg/L。对水蚤毒性亦低。

产品特点：具有胃毒和触杀作用的内吸性杀虫剂。

作用机理：和其他氨基甲酸酯类杀虫剂一样，在动物体内是胆碱酯酶抑制剂。

防治对象：防治观赏植物上的刺吸口器害虫，如蚜虫、蓟马、螨等。

使用方法：将胶纸板条插入盆钵的土壤中，每棵植物周围插 1~3 支，有效成分即迅速分散到土壤的水分中，为植物根系吸收，在 3~7 天内就可以见效，持效期约可达 6~8 周，可以防治观赏植物上的刺吸口器害虫如蚜虫、蓟马、螨等。

药害及处理：浓度过高，易产生药害，胶纸板条中 90% 以上的活性物质可于两天内扩散到盆钵的土壤中，约在 40 天内可以保持无变化；当到了 80~90 天时，土壤中的有效成分才会减少到原先含量的 10% 以下。

（十）硫双威

名称：硫敌克；硫双威；拉维因（Larvin）；硫双灭多威；3，7，9，13-四甲基-5，11-二氧杂-2，8，14-三噻-4，7，9，12-四氮杂十五烷-3，12-二烯-6，10-二酮；3，7，9，13-四甲基-5，11-二氧杂-2，8，14-三噻-4，7，9，12-四氮杂十五烷-3，12-二烯-6，10-二酮；硫双灭多威；硫双威；3，7，9.13-四甲基-5，11-二氧杂-2，8，14-三硫杂-4，7，9，12-四氮杂十五烷-3，12-二烯-6，10-二酮。

商品、剂型：纯品为白色晶体，用 75% 悬浮剂 6~12ml/100m²。

理化特性：纯品为白色晶体，原药（纯度 96%）为浅棕褐色晶体。熔点：173~173.5℃，相对密度 1.442（20℃），蒸气压 $5.1×10^{-3}$ Pa（20℃）。溶解度为：丙酮 8g/kg，甲醇 5g/kg，二甲苯 3g/kg，水 35mg/L。中性条件下稳定。酸性条件缓慢水解（pH 值 3 时，半衰期为 9 天），碱性条件迅速水解，60℃ 时稳定，水悬液因日光而分解，遇酸、碱、金属盐、黄铜和铁锈易分解。在生物活性土壤中半衰期 <2 天。

毒理特性：纯品（含量 93.41%）对大鼠急性经口 LD_{50} 雌雄均为 56.2mg/kg，小鼠雄性为 68.1mg/kg，雌性为 56.2mg/kg。大鼠急性经皮 LD_{50} 雌雄均为 147mg/kg。工业品（含量 22.61%）对大鼠急性经口 LD_{50} 雌性为 316mg/kg，雄性为 215mg/kg，大鼠急性经皮 LD_{50} 雌雄均 >5 000mg/kg。对家兔皮肤无明显刺激作用，对眼睛瞳孔有轻微缩小，1h 后恢复正常，对眼黏膜未见明显变化。蓄积毒性试验表明，蓄积系数为 5.5，属轻度蓄积类农药。Ames 试验表明无明显致突变作用。对小鼠骨髓细胞和精母细胞染色体畸变率无明显影响。也有文献报道硫双威对大鼠急性经口 LD_{50} 为 66mg/kg（325mg/kg），狗为 800mg/kg，兔急性经皮 LD_{50} >2 000mg/kg（6 310mg/kg），大鼠急性吸入 LC_{50} 为 0.0015~0.0022mg/L（1.21mg/m³），大、小鼠 2 年饲喂试验无作用剂量为 3mg/kg 饲料。蓝鳃鱼 LC_{50} 为 1.21mg/L（96h），虹鳟鱼 LC_{50} 为 2.55mg/L（96h），水蚤 LC_{50} 为 0.053mg/L（48h）。鹌鹑 LD_{50} 为 2 023mg/kg，野鸭为 5 620mg/kg。蜜蜂直接接触有毒，正常使用无影响。

产品特点：硫双威主要是胃毒作用，几乎没有触杀作用，无熏蒸和内吸作用，有较强的选择性，在土壤中残效期很短。

作用机理：以硫原子连接的双氨基甲酸酯类杀虫剂，杀虫活性与灭多威相似，毒性较灭多威低。药效作用主要是胃毒作用，几乎没有触杀作用。对鳞翅目、鞘翅目和双翅目害虫有效，对鳞翅目害虫的卵也有较高活性。用于防治棉铃虫、红铃虫，用 75% 悬浮剂 6~12ml/100m²，对水均匀喷雾，可发挥显著的杀虫效果。

防治对象：对鳞翅目害虫有特效，并有杀卵作用，对棉蚜、叶蝉、蓟马和螨类无效，也可用于防治鞘翅目、双翅目及膜翅目害虫。

使用方法：

（1）棉铃虫、棉红铃虫的防治。于卵孵盛期进行防治，每亩用 75% 可湿性粉 50~100g，对水 50~100kg 喷雾。

（2）二化螟、三化螟的防治。每亩用 75% 可湿性粉 100~150g，对水 100~150kg 喷雾。

药害及处理：浓度过高，易出现药害，遇酸、碱、金属盐、黄铜和铁锈而分解。

（十一）抗蚜威

名称：劈蚜雾；灭定威；辟蚜威；抗蚜威；比加普；壁蚜雾；灭定威粉剂；辟蚜肟粉剂；抗蚜威粉剂［含量>75%］；2-二甲氨基-5，6-二甲基嘧啶-4-二甲基氨基甲酸酯。

商品、剂型：可湿性粉剂。

理化特性：白色无臭结晶体。熔点 90.5℃，蒸气压 $4×10^{-3}$Pa（30℃）。能溶于醇、酮、酯、芳烃、氯化烃等多种有机溶剂：甲醇 23g/100ml，乙醇 25g/100ml，丙酮 40g/100ml；难溶于水（0.27g/100ml）。遇强酸、强碱或紫外光照射易分解。在一般条件下贮存较稳定，对一般金属设备不腐蚀。

毒理特性：进入虫体后，抑制乙酰胆碱酯酶，使昆虫神经传导中起重要作用的乙酰胆碱无法分解造成神经冲动无法控制传递，使昆虫出现惊厥、过度兴奋、麻痹与震颤而无法在作物上取食，导致最终死亡。

产品特点：具有触杀、熏蒸和叶面渗透作用，是选择性强的杀蚜虫剂，能有效防治除棉蚜以外的所有蚜虫，对有机磷产生抗性的蚜虫亦有效。杀虫迅速，但残效期短。对作物安全，不伤天敌，是综合防治的理想药剂。

作用机理：强选择性氨基甲酸酯杀蚜虫剂。商品名称辟蚜雾。对高等动物毒性中等。对皮肤和眼睛无刺激作用。对鱼类、水生生物低毒，选择性强，对蚜虫有强烈触杀作用，对蚜虫天敌毒性很低。在 20℃ 以上时有熏蒸作用，对植物叶面有一定渗透性。作用机制为抑制胆碱酯酶。

防治对象：抗蚜威施药后数分钟即可迅速杀死蚜虫，对蚜虫传播的病毒病有较好防治作用，残效期短，对作物安全，不伤天敌，是害虫综合防治的理想药剂；对蜜蜂安全，可提高作物的授粉率，增加产量。主要以喷洒形式使用，防治蔬菜、烟草、油菜、花生、大豆、小麦、高粱上的蚜虫、但对棉蚜无效。

使用方法：

（1）防治蔬菜蚜虫。每亩用50%可湿性粉10~18g，对水30~50kg喷雾。

（2）防治烟草蚜虫。每亩用50%可湿性粉10~18g，对水30~50kg喷雾。

（3）防治粮食及油料作物上的蚜虫。每亩用50%可湿性粉6~8g，对水50~100kg喷雾。

药害及处理：浓度过高使黄瓜叶缘枯干。

（十二）双氧威

名称：2-（4-苯氧基苯氧基）乙基氨基甲酸乙酯；N-［2-（4-苯氧基苯氧基）乙基］氨基甲酸乙酯；苯醚威；苯氧威。

商品、剂型：12.5%乳油；5%颗粒剂；10%微乳状液（microemu-lsion）；1.0%饵剂；可湿性粉剂（有效成分250g/kg）。

理化特性：纯品为无色结晶，熔点53~54℃，25℃时蒸气压0.867μPa，20℃时7.8μPa。密度1.23（20℃），闪点224℃，密度1.23（20℃）。溶解性（20℃）：水6mg/kg，己烷5g/kg，大部分有机溶剂>250g/kg。在室温下储存在密封容器中时，稳定期>2年。在pH值3~9，50℃下水解稳定，对光稳定。

毒理特性：急性口服毒性LD_{50}大鼠>10g/kg；急性经皮毒性LD_{50}大鼠>2g/kg，对豚鼠皮肤无刺激性，对兔眼有极轻微刺激性，吸入毒性LD_{50}：大鼠>0.48mg/L空气。鱼毒LC_{50}（96h）：鲤鱼10.3mg/L，虹鳟鱼1.6mg/L。饲喂试验无作用剂量：大鼠（2年）为8mg/kg体重，小鼠（18个月）为4mg/kg体重。日本鹌鹑急性经口LD_{50}>7g/kg，对蜜蜂无毒，经口LC_{50}（24h）>1g/kg。水蚤LC_{50}（48h）0.4mg/L。山齿鹑LC_{50}（8天）>25g/kg。对人的ADI为0.04mg/kg体重。

产品特点：具有胃毒和触杀作用的内吸性杀虫剂。

作用机理：和其他氨基甲酸酯类杀虫剂一样，在动物体内是胆碱酯酶抑制剂。

防治对象：可有效地防治米象、杂氮谷盗、印度谷螟、麦蛾、谷蠹、赤拟谷盗、锯谷盗等多种重要粮食害虫和火蚁等。

使用方法：使用浓度一般为0.0125%~0.025%，有时0.006%，如5mg/kg即可有效地防治谷象，10mg/kg可有效地防治米象、杂氮谷盗和印度谷螟。以苯醚威10~100g/L防治德国幼蠊，死亡率达76%~100%，持效期为1~9周。防治火蚁，每集群用6.2~22.6mg，在12~13周内可降低虫口率67%~99%。以5~10mg/kg剂量拌在糙米中，可防治麦蛾、谷蠹、米象、赤拟谷盗、锯谷盗等多种重要粮食害虫，持效期达18个月之久；并能防治对马拉硫磷有了抗性的粮仓害虫，而不影响稻种发芽。在果园，以苯醚威0.006%浓度喷射，能抑止乌盔蚧的未成熟幼虫和龟蜡蚧的1、2龄期若虫的发育成长。

药害及处理：在植物、贮藏物上和水中，显示有较好的持效，在土壤中能迅速消散，但对昆虫的杀死作用较慢。

第三节 苯甲酰脲类（昆虫生长调节剂）杀虫剂

（一）氟铃脲

名称：中文名称：氟铃脲，别名：六福隆；英文名称：Hexaflumuron；化学名称：1-[3，5-二氯-4-（1，1，2，2-四氟乙氧基）苯基]-3-（2，6-二氟苯酰基）脲。分子式：$C_{16}H_8Cl_2F_6N_2O_3$。分子结构式如下。

商品、剂型：商品名为氟铃脲、定打、包打、主打、乐打、战帅、铲蛾、卡保、蚕煞、菜鸟、菜拂、坚固、竞魁、猛斗、道行、诱玫、焚铃、博奇、永休、息灭、兑现、三攻、远化、飞越、农基金卡、天和吊丝敌。剂型为5%乳油（氟铃脲、农梦特），20%悬浮剂（杀铃脲）。

理化特性：无色固体，熔点202～205℃。溶解度：水0.027mg/L（18℃），甲醇11.9g/L（20℃），二甲苯5.2g/L（20℃）。35天内（pH值9）60%发生水解。

毒理特性：大白鼠急性经口>5 000，大白鼠急性经皮>5 000；大白鼠急性吸入LC_{50}（4h）>2.5mg/L（达到的最大浓度）。在田间条件下，仅对水虱有明显的为害。对蜜蜂的接触和经口LD_{50}均>0.1mg/蜜蜂。

产品特点：是新型酰基脲类杀虫剂，除具有其他酰基脲类杀虫特点外，杀虫谱较广，特别对棉铃虫属的害虫有特效，对舞毒蛾、天幕毛虫、冷杉毒蛾、甜菜夜蛾、谷实夜蛾等夜蛾科害虫效果良好，对螨无效。击倒力强，杀虫效果比其他酰基脲要迅速，具有较高的接触杀卵活性，可单用也可混用。施药时期要求不严格，可以防治对有机磷及拟除虫菊酯已产生抗性的害虫。是苯甲酰脲类昆虫生长调节剂，通过抑制昆虫几丁质合成而杀死害虫。具有杀虫活性高、杀虫谱较广、击倒力强、速效等特点。其作用机制是抑制壳多糖形成，阻碍害虫正常蜕皮和变态，还能抑制害虫进食速度。

作用机理：氟铃脲是通过抑制昆虫几丁质合成，阻碍害虫正常蜕皮和变态，还能抑制害虫进食速度而杀死害虫。

防治对象：氟铃脲主要用于防治鳞翅目害虫，如菜青虫、小菜蛾、甜菜夜蛾、甘蓝仪蛾、烟肯虫、棉铃虫、金纹细蛾、潜叶蛾、卷叶蛾、造桥虫、利E蛀螟、刺蛾类、毛虫类等。

使用方法：

（1）防治金纹细蛾、桃潜蛾、卷叶蛾、刺蛾、桃蛀螟等多种害虫，可在卵孵化盛期或低龄幼虫期用1 000～2 000倍5%乳油+1 000倍"天达2116"（果树专用型）喷洒，药效可维持 20 天以上。

（2）防治柑橘潜叶蛾，可在卵孵化盛期用 1 000 倍 5% 乳油 + 1 000 倍 "天达 2116"（果树专用型）液喷雾。

（3）防治棉铃虫、食心虫等害虫，可在卵孵化盛期或初孵化幼虫入果之前用 1 000 倍 5% 乳油 + 1 000 倍 "天达 2116"（果树专用型）液喷雾。

药害及处理：

（1）药害为产生白点，白化斑，不可恢复，主要表现在十字花科蔬菜上，十字花科蔬菜本来就很敏感，尤其是苗期，用药量建议小些。

（2）氟铃脲在棉花上相对安全，水稻上没有问题，棉花上用量控制在 15ml 一桶水。高温时要注意剂量，在棉花上也容易产生药害，特别是六七月温度高，阳光大，尽量少用或不用，稀释倍数低于 1 000 倍（5%），在棉花上用多了也会产生药害，特别是跟辛硫磷在一起混配。

（二）除虫脲

名称：中文名称：除虫脲；化学名称：1-（4-氯苯基）-3-（2，6-二氟苯甲酰基）脲；英文名称：diflubenzuron；分子式：$C_{14}H_9ClF_2N_2O_2$，分子结构式如下。

商品、剂型：商品名主要有除虫脲、敌灭灵、伟除特、斯代克，斯迪克，斯盖特、蜕宝、卫扑、易凯、雄威；主要剂型 20% 悬浮剂；5%、25% 可湿性粉剂，75% WP；5% 乳油。

理化特性：纯品为白色结晶，原粉为白色至黄色结晶粉末。不溶于水。难溶于大多数有机溶剂。对光、热比较稳定，遇碱易分解、在酸性和中性介质中稳定，对甲壳类和家蚕有较大的毒性，对人畜和环境中其他生物安全，属低毒无公害农药。

毒理特性：原药对大鼠急性经口 LD_{50} > 46 401mg/kg（也有报道对大鼠 > 1 500mg/kg）。兔急性经皮 LD_{50}>2 000mg/kg，急性吸入 LC_{50}>30mg/L。对兔眼睛和皮肤有轻度刺激作用。大鼠经口无作用剂量为每天 125mg/kg。在试验剂量内未见动物致畸、致突变作用。鹌鹑急性经口 LD_{50}>4 640mg/kg，鲤鱼 LC_{50} 为 0.3mg/L（30d），蜜蜂接触 LD_{50}<30 μg/只。

产品特点：除虫脲是一种特异性低毒杀虫剂，属苯甲酰类，对害虫具有胃毒和触杀作用，通过抑制昆虫几丁质合成、使幼虫在蜕皮时不能形成新表皮、虫体成畸形而死亡，但药效缓慢。该药对鳞翅目害虫有特效。使用安全，对鱼、蜜蜂及天敌无不良影响。

作用机理：作用机理和过去的常规杀虫剂截然不同，既不是神经毒剂，也不是胆碱酯酶抑制剂，它的主要作用是抑制昆虫表皮的几丁质合成，同时对脂肪体、咽侧体等内分泌和腺体又有损伤破坏作用，从而妨碍昆虫的顺利蜕皮变态。

防治对象：主要用于防治鳞翅目害虫，如菜青虫、小菜蛾、甜菜夜蛾、斜纹夜蛾、金纹细蛾、桃线潜叶蛾、柑橘潜叶蛾、黏虫、茶尺蠖、棉铃虫、美国白蛾、松毛虫、卷叶蛾、卷叶螟等。

使用方法：20%除虫脲悬浮剂适合于常规喷雾和低容量喷雾，也可采用飞机作业，使用时将药液摇匀后对水稀释至使用浓度，配制成乳状悬浮液即可使用。

（1）防治松毛虫、天幕毛虫、尺蠖、美国白蛾、毒蛾等害虫时，亩用药量为7.5～10g，使用浓度为4 000～6 000倍液。

（2）防治金纹细蛾、桃小食心虫、潜叶蛾等害虫时，亩用药量为5～10g，使用浓度为5 000～8 000倍液。

（3）防治黏虫、棉铃虫、菜青虫、卷叶螟夜蛾、巢蛾等害虫时，亩用药量为5～12.5g，使用浓度为3 000～6 000倍液。

药害及处理：除虫脲属脱皮激素，不宜在害虫高、老龄期施药，应掌握在幼龄期施药效果最佳。悬浮剂贮运过程中会有少量分层，因此使用时应先将药液摇匀，以免影响药效。药液不要与碱性物接触，以防分解。蜜蜂和蚕对本剂敏感，因此养蜂区、蚕业区谨慎使用，如果使用一定要采取保护措施。沉淀摇起，混匀后再配用。本剂对甲壳类（虾、蟹幼体）有害，应注意避免污染养殖水域。

（三）氟虫脲

名称：中文名称：氟虫脲，中文别名：氟芬隆；1-［2-氟-4-（2-氯-4-三氟甲基苯氧基）苯基］-3-（2,6-二氟苯甲酰基）脲，英文名称：flufenoxuron，分子式：$C_{21}H_{11}ClF_6N_2O_3$，分子结构式如下。

商品、剂型：商品名为卡克死，剂型为5%乳油。

理化特性：熔点：169～172℃。性状：其原药（纯度98%～100%为无色固体，纯品为无色晶体。溶解情况：溶解度（15℃，g/L）：水中7E-11（pH值7），4μg/L（20℃），丙酮74、82（25℃），二甲苯6，二氯甲烷24（25℃），己烷0.023（20℃）

毒理特性：急性毒性：大鼠经口 LD_{50}：＞3 000mg/kg；大鼠皮肤接触 LD_{50}：＞2 000mg/kg。

产品特点：具有胃毒和触杀作用，兼具有杀虫和杀螨作用，尤其是对幼螨和若螨有高活性，广泛用于果树、棉花和园艺作物上防治植食性害螨。

作用机理：氟虫脲通过触杀、胃毒（抑制几丁质合成）来抑制害虫进食，从而杀死害虫。

防治对象：氟虫脲主要用于防治苹果、柑橘等果树及蔬菜、棉花等植物上的害虫、害螨，对叶螨类、锈螨类（锈蜘蛛）、潜叶蛾、小菜蛾、菜青虫、棉铃虫、食心虫类、夜蛾类及蝗虫类等害虫均具有很好的防治效果。

使用方法：氟虫脲主要通过喷雾防治害虫及害螨。在苹果、柑橘等果树上喷施时，一般使用50g/L可分散液剂1 000~1 500倍液喷雾；在蔬菜、棉花等作物上喷施时，一般每亩使用50g/L可分散液剂30~50ml，对水30~45升喷雾；防治草地蝗虫时，一般每亩使用50g/L可分散液剂10~15ml，对水后均匀喷雾。喷药时应均匀、细致、周到。由于该药杀灭作用较慢，所以施药时间要较一般杀虫、杀螨剂提前2~3天，防治钻蛀性害虫宜在卵孵化盛期至幼虫蛀入作物前施药，防治害螨时宜在幼螨、藉螨盛发期施药。

药害及处理：碱性药剂混用，呵以间隔开施药。先喷氟虫脲时，10天后再喷波尔多液防病；如果先喷波尔多液后再喷氟虫脲，则间隔期要适当延长。苹果上应在采收前70天用药，柑橘上应在收获前约50天用。

（四）氟啶脲

名称：中文名称：氟啶脲，别名：抑太保，定虫脲，氟伏虫脲，化学名称：1-[3，5-二氯-4-（3-氯-5-三氯甲基-2-吡啶氧基）苯基]-3-（2，6-二氟苯甲酰基）脲，英文名称：chlorfluazuron，分子式：$C_{20}H_9Cl_3F_5N_3O_3$，分子结构式如下。

商品、剂型：商品名有氟啶脲、抑太保、菜得隆、方通蛾、洽益旺、抑统、农美、蔬好、菜亮、保胜、顶星、卷敌、赛信、夺众、奎克、顽结、妙保、友保、雷歌、搏魁、玄锋、力成、瑞照、标正美雷、仰大一保、夜蛾天关。剂型有5%乳油、50g/L乳油、50%乳油。

理化特性：白色结晶，熔点226.5℃（分解），蒸气压<10nPa（20℃），20℃时溶解度水<0.01mg/L、己烷<0.01g/L、正辛醇1g/L、二甲苯2.5g/L、甲醇2.5g/L、甲苯6.6g/L、异丙醇7g/L、二氯甲烷22g/L、丙酮55g/L、环己酮110g/L，在光和热下稳定。

毒理特性：急性经口LD_{50}：>8 500mg/kg；急性经皮LD_{50}：>1 000mg/kg

产品特点：氟啶脲是一种昆虫生长调节剂类低毒杀虫剂，以胃毒作用为主，兼有触杀作用，无内吸性。其杀虫机制主要是抑制几丁质合成，阻碍昆虫正常蜕皮，使卵的孵化、幼虫蜕皮以及蛹发育畸形，成虫羽化受阻，最终而导致害虫死亡。该药药效高，但作用速度较慢，幼虫接触药剂后不会很快死亡，但取食活动明显减弱，一般在药后5~7天才能达到防效高峰。对多种鳞翅目害虫以及直翅目、鞘翅目、膜翅目、双翅目等害虫杀虫活性高，但对蚜虫、飞虱无效。适用于对有机磷类、拟除虫菊酯类、氨基甲酸酯等杀虫剂已产生抗性的害虫的综合治理。

氟啶脲有时与丙溴磷、毒死蜱、马拉硫磷、三唑磷、杀虫单、斜纹夜蛾核型多角体病毒、高效氯氰菊酯、甲氨基阿维菌素苯甲酸盐等杀虫剂成分混配，用以生产复配杀虫剂。

作用机理：抑制几丁质合成，阻碍昆虫正常脱皮，是卵的孵化、幼虫脱皮及蛹发育畸形，成虫羽化受阻。

防治对象：氟啶脲对鳞翅目害虫具有特效防治作用。目前生产上主要用于防治：十字花科蔬菜的小菜蛾、甜菜夜蛾、菜青虫、银纹夜蛾、斜纹夜蛾、烟青虫等，茄果类及瓜果类蔬菜的棉铃虫、甜菜夜蛾、烟青虫、斜纹夜蛾等，豆类蔬菜的豆荚螟、豆野螟等。

使用方法：

（1）对于小菜蛾、甜菜夜蛾、菜青虫、银纹夜蛾、烟青虫等鳞翅目害虫的防治。在卵孵化盛期至低龄幼虫期均匀喷药，7天左右1次，特别注意喷洒叶片背面，使叶背要均匀着药；害虫发生偏重时最好与速效性杀虫剂混配使用。一般每亩次使用5%乳油或50g/L乳油80~100ml，或50%乳油8~10ml，对水30~60kg均匀喷雾；或使用5%乳油或50g/L乳油500~700倍液，或50%乳油5 000~7 000倍液均匀喷雾。

（2）对于豆荚螟、豆野螟等鳞翅目害虫的防治。在害虫卵孵化盛期至幼虫钻蛀为害前喷药，重点喷洒花蕾、嫩荚等部位，早、晚喷药效果较好。一般使用5%乳油或50g/L乳油600~800倍液，或50%乳油6 000~8 000倍液喷雾。

药害及处理：对十字花科蔬菜菜苗期易烧叶，浓度不低于1 500倍。对苹果的红玉等品种敏感，易产生药害，使用时注意喷药时要使药液湿润全部枝叶，才能发挥药效，适期较一般有机磷、除虫菊酯类杀虫剂提早3天左右，在低龄幼虫期喷药，钻蛀性害虫宜在产卵高峰盛期施药效果好。

本剂是阻碍幼虫蜕皮致使其死亡的药剂，从施药至害虫死亡需3~5天，使用时需在低龄幼虫期进行。

本剂无内吸传导作用，施药必须均匀周到不能与碱性药剂混用。

（五）氟苯脲

名称：中文名：氟苯脲，英文名称：Teflubenzuron，中文别名：1-（3，5-二氯-2，4-二氟苯基）-3-（2，6-二氟苯甲酰基）脲，分子式：$C_{14}H_6Cl_2F_4N_2O_2$，分子结构式如下。

商品、剂型：商品名称农梦特、伏虫隆、特氟脲，剂型为5%乳油。

理化特性：纯品为白色结晶。熔点：223~225℃（原药222.5℃），蒸气压$0.8×10^{-9}$ Pa（20℃），相对密度1.68（20℃）。20~23℃时溶解度为：二甲基亚砜66g/L，环己酮20g/L，丙酮10g/L，乙醇1.4g/L，甲苯850mg/L，己烷50mg/L，水0.02mg/L。常温下贮存稳定，50℃时水解半衰期为5天（pH值7）、4h（pH值9），土壤中半衰期2~6周。

毒理特性：

（1）急性毒性。大鼠经口LD_{50}：>5 000mg/kg；大鼠皮肤接触LD_{50}：>2 000mg/kg；小鼠经口LD_{50}：>5 000mg/kg；

（2）其他多剂量毒性。小鼠经口TDLo：5 460mg/kg/13W-C；小鼠经口TDLo：4 914mg/kg/78W-C；狗经口TDLo：4 563mg/kg/1Y-C。

产品特点：对害虫主要是胃毒作用，触杀作用很小，兼有杀卵作用。对成虫无杀伤力，但有不育作用。与有机磷、氨基甲酸酯、菊酯类等杀虫剂之间无交互抗性。用药量少，毒力高于有机磷和氨基甲酸酯，相当或略低于菊酯类杀虫剂。选择性高，人及畜禽等没有几丁质，所以对人畜毒性很低，也无慢性毒性问题，对天敌和鱼虾等水生动物杀伤作用小，对蜜蜂安全。杀虫谱广，能防治鳞翅目、鞘翅目、同翅目的许多农业害虫，以及双翅目中的蚊、蝇等卫生害虫。

作用机理：主要是抑制几丁质合成，虫体接触后，破坏昆虫几丁质的形成。对有机磷、拟除虫菊酯等产生抗性的鳞翅目和鞘翅目害虫有特效。

防治对象：对多种鳞翅目害虫活性尤高，对其他粉虱科、双翅目、膜翅目、鞘翅目害虫的幼虫也有良好的效果，对许多寄生性昆虫、捕食性昆虫及蜘蛛无效。

使用方法：

（1）防治潜叶蛾，在卵的孵化盛期，喷施5%氟苯脲（农梦特）乳油1 000~2 000倍+1 000倍"天达2116"（果树专用型），每15天1次，抽放1次新梢，喷施1~2次。

（2）防治金纹细蛾、卷叶蛾、刺蛾，可在卵孵化盛期和低龄幼虫期，用5%氟苯脲乳油1 000~2 000倍液喷雾。

药害及处理：

（1）昆虫的发育时期不同，出现药效时间有别，高龄幼虫需3~15天，卵需1~10天，成虫需5~15天，因此要提前施药才能奏效。有效期可长达1个月。对在叶面活动为害的害虫，应在初孵幼虫时喷药；对钻蛀性害虫，应在卵孵化盛期喷药。

（2）喷药时要求均匀周到。

（3）本品对水生甲壳类动物有毒，使用时，不要污染水源。

（六）抑食肼

名称：中文名称：抑食肼，别名：虫死净，化学名称：N-苯甲酰基-N'-特丁基苯甲酰肼，分子式：$C_{18}H_{20}N_2O_2$，分子结构式如下。

商品、剂型：商品名有佳蛙、绿巧、锐丁、抑食肼、虫死净等，主要剂型有20%、25%可湿性粉剂，20%胶悬剂，5%颗粒剂等。

理化特性：抑食肼纯品为白色或无色晶体，无味，熔点174～176℃，蒸气压0.24mPa（25℃）。溶解度水约50mg/L，环己酮约50g/L，异亚丙基丙酮约150 g/L。

毒理特性：按我国农药毒性分级标准，抑食肼属中等毒杀虫剂。大鼠急性经口LD_{50}271mg/kg，小鼠急性经口LD_{50}501mg/kg（雄）、LD_{50}681mg/kg（雌），大鼠急性经皮LD_{50}>5 000mg/kg。对家兔眼睛有轻微刺激作用，对皮肤无刺激作用。大鼠蓄积系数>5，为轻度蓄积性。三项致突变试验为阴性。在土壤中的半衰期为27天。

产品特点：本品是昆虫生长调节剂，对鳞翅目、鞘翅目、双翅目幼虫具有抑制进食、加速蜕皮和减少产卵的作用。本品对害虫以胃毒作用为主，施药后2～3天见效，持效期长，无残留，适用于蔬菜上多种害虫和菜青虫、斜纹夜蛾、小菜蛾等的防治，对水稻稻纵卷叶螟、稻黏虫也有很好效果。

作用机理：该药是一种非甾类、具有蜕皮激素活性的昆虫生长调节剂，对鳞翅目、鞘翅目、双翅目幼虫具有抑制进食、加速蜕皮和减少产卵的作用。对害虫有胃毒作用，具有较强的内吸性，施药后二三天见效，持效期较长，对人、畜、禽、鱼毒性低，是一种可取代有机磷农药，特别是可以取代高毒农药甲胺磷的低毒、无残留、无公害的优良杀虫剂。

防治对象：对鳞翅目基某些同翅目害虫高效，如二化螟、苹果蠹蛾、舞毒蛾、卷叶蛾。对有抗性的马铃薯甲虫防效优异。

使用方法：叶面喷雾和其他施药方法均可降低幼虫和成虫的取食能力，还能抑制其产卵。如20%可湿性粉剂防治水稻纵卷叶螟、稻黏虫；以150～300g/hm²剂量喷雾，防治蔬菜（叶菜类）菜青虫、斜纹夜蛾，以150～195g/hm²剂量喷雾；防治小菜蛾的用量为240～375g/hm²。20%悬浮剂防治甘蓝菜青虫时，用量为195～300g/hm²。

药害及处理：该药速效性稍差，应在害虫发生初期施用。由于该药持效期长，蔬菜收获前10天停止用药。该药不能与碱性物质混用。

（七）灭幼脲3号

名称：中文名称：灭幼脲三号；苏脲一号；邻氯苯甲酰基-3-（4-氯苯基）脲，英文名称：mieyouniao No.3，分子式$C_{14}H_{10}Cl_2N_2O_2$，分子结构式如下。

商品、剂型：商品名为抑丁保、抑皮素、卡敌乐、扑蛾丹、蛾杀灵、劲杀幼等剂型为 25%灭幼脲悬浮剂，25%阿维·灭幼脲悬浮剂，25%甲维盐·灭幼脲悬浮剂。

理化特性：纯品为白色晶体，不溶于水、乙醇、甲苯及氯苯中，在丙酮中的溶解度 1g/100ml，易溶于二甲基亚砜及 N，N-二甲基甲酰胺和吡啶等有机溶剂。

毒理特性：属低毒杀虫剂。小白鼠急性经口 $LD_{50}>1\,000mg/kg$，对鱼类低毒，对昆虫天敌安全，对人畜及鸟类几乎无害。

产品特点：属低毒杀虫剂。在动物体内无明显蓄积毒性，未见致突变，致畸作用。是一种昆虫几丁质合成抑制剂。具有高效低毒、残效期长、不污染环境的优点，是综合治理有害生物的优良品种。对小麦黏虫、松毛虫、菜青虫、美国白蛾、蚊蝇等害虫均有良好的治疗效果。

作用机理：灭幼脲是一种昆虫生长调节剂，属特异性杀虫剂。害虫取食或接触药剂后，抑制表皮几丁质的合成，使幼虫不能正常蜕皮而死亡。主要是胃毒作用，也有一定的触杀作用，但无内吸性。对鳞翅目和双翅目幼虫有特效，不杀成虫，但能使成虫不育，卵不能正常孵化。毒性低，对人、畜和植物安全，对天敌杀伤小，药效较慢，2~3天后才能显示杀虫作用。

防治对象：该类药剂被大面积用于防治桃树潜叶蛾、茶黑毒蛾、茶尺蠖、菜青虫、甘蓝夜蛾、小麦黏虫、玉米螟及毒蛾类、夜蛾类等鳞翅目害虫。同时，还发现用灭幼脲3号1 000倍液浇灌葱、蒜类蔬菜根部，可有效地杀死地蛆；对防治厕所蝇蛆、死水湾的蚊子幼虫也有特效。

使用方法：

（1）防治森林松毛虫、舞毒蛾、舟蛾、天幕毛虫、美国白蛾等食叶类害虫用25%悬浮剂2 000~4 000倍均匀喷雾，飞机超低容量喷雾每公顷450~600ml，在其中加入450ml 的脲素效果会更好。

（2）防治农作物黏虫、螟虫、菜青虫、小菜蛾、甘蓝夜蛾等害虫，用25%悬浮剂500~1 000倍均匀喷雾。

（3）防治桃小食心虫、茶尺蠖、枣步曲等害虫用25%悬浮剂 500~1 000倍均匀喷雾。

（4）防治枣、苹果、梨等果树的舞毒蛾、刺蛾、苹果舟蛾、卷叶蛾等害虫，可在害虫卵孵化盛期和低龄幼虫期，喷布25%灭幼脲3号悬浮剂1 500~2 000倍+1 000倍果树专用型天达2116，不但杀虫效果良好，而且可显著增强果树的抗逆病性，提高产量，改善果实品质。

（5）防治桃小食心虫、梨小食心虫，可在成虫产卵初期，幼虫蛀果前，喷布25%天达灭幼脲3号悬浮剂800~1 000倍+1 000倍果树专用型天达2116，其防治效果超过桃小灵及50%对硫磷乳油1 500倍液。

（6）防治棉铃虫、小菜蛾、菜青虫、潜叶蝇等抗性害虫，可在成虫产卵盛期至低龄幼虫期喷洒25%天达灭幼脲3号悬浮剂1 000倍+600倍棉花或瓜茄果专用型天达2116。

（7）防治梨木虱、柑橘木虱等害虫，可在春、夏、秋各次新梢抽发季节，若虫发生盛期，喷布25%天达灭幼脲3号悬浮剂1 500~2 000倍+1 000倍果树专用型天达2116。

药害及处理：灭幼脲三号悬浮剂有沉淀现象，使用时摇匀即可。掌握好防治期，一般卵孵化盛期至三龄前防治效果最佳。灭幼脲三号为迟效性农药，施药3~4天后药效明显增大，残效期为30天左右。喷洒药液是注意喷匀。不能和碱性农药混用。

（八）定虫隆

名称：中文名称：定虫隆，别名：抑太保、7899，英文名称：Benzamide，分子式：$C_{20}H_9Cl_3F_5N_3O_3$，分子结构式如下。

商品、剂型：商品名为抑太保、定虫脲，主要剂型为5%乳油。

理化特性：纯品为黄白色无味结晶粉末。制剂外观为棕色油状液体，在常温下稳定。对人畜低毒，对鱼、蜜蜂无毒。

毒理特性：大鼠急性经口LD_{50}为8 500mg/kg，小鼠为7 000mg/kg，大鼠急性经皮LD_{50}为1 000mg/kg；大鼠急性吸入LC_{50}为1 846mg/m³。对家兔眼睛、皮肤无刺激性。豚鼠致敏试验阴性。大鼠亚急性经口无作用剂量每天为3mg/kg，家兔亚急性经皮无作用剂量为每天1 000mg/kg；大鼠慢性经口无作用剂量为50mg/kg。未发现致畸、致癌、致突变作用。鲤鱼LC_{50}为300mg/L（96h），对鸟类、蜜蜂安全，对家蚕敏感。

产品特点：定虫隆是一种新型广谱性杀虫剂，以胃毒作用为主，兼有触杀作用，无内吸作用。对害虫药效高，但药效较慢，一般5~7天后发生药效。对有机磷、拟除虫菊酯类、氨基甲酸酯类等农药产生抗性的害虫有良好的防效。

作用机理：主要是抑制几丁质合成，使一些害虫到达蜕皮阶段时不能蜕皮，从而杀死害虫。防治对象：对鳞翅目、直翅目、鞘翅目、膜翅目、双翅目等害虫，有很高活性。防治斜纹夜蛾、棉铃虫、尺蠖等。

使用方法：

（1）防治菜青虫、小菜蛾，在 1~3 龄幼虫期，用 5%乳油 1 000~4 000 倍液喷雾。在使用浓度范围内，虫害发生严重和虫龄高时，使用浓度宜高；反之，则可低。

（2）防治茄二十八星瓢虫、马铃薯瓢虫、斜纹夜蛾、地老虎等，于幼虫初孵期，用 5%乳油 2 000~3 000 倍液喷雾。

（3）防治豆野螟，于菜豆、豇豆开花期或盛卵期，分别施药 1 次，用 1 000~2 000倍液喷雾。

药害及处理：在害虫低龄期用药效果好，对钻蛀性害虫宜在卵孵化盛期用药。

第四节　吡咯类杀虫剂

溴虫腈

名称：溴虫腈，英文名称 Chlorfenapyr，中文通用名虫螨腈。是由美国氰胺公司开发成功的一种新型杂环类杀虫、杀螨、杀线虫剂。对哺乳动物和鱼类毒性低，对作物安全，在昆虫体内经脱去 N-乙氧基乙基之后转化成氧化磷酸化解偶剂，由于解偶剂本身不存在靶标部位，也就不可能产生靶标抗性，因而对许多抗性昆虫防治有特效。化学名称：4-溴基-2-（4-氯苯基）-1-（乙氧基甲基）-5-（三氟甲基）吡咯-3-腈，其分子结构式如下。

商品、剂型：商品名除尽悬浮剂，10%悬浮液。

理化特性：纯品为白色或类白色油性粉末，溶于丙酮、乙醚、二甲亚砜、四氢呋喃、乙腈，醇、甲苯、二甲苯等有机溶剂，不溶于水。

毒理特性：对水生生物有极高毒性，可能对水体环境产生长期不良影响。吸入有毒。大鼠急毒（口服）LD_{50} 441~1 152mg/kg；兔急性经皮剂量 $LD_{50} \geqslant 2$ 000mg/kg。对鱼和蜜蜂毒性较高，使用时应注意防护。

产品特点：虫螨腈又叫溴虫腈，属芳基吡咯类化合物，对害虫具有胃毒和一定的触杀作用及内吸活性。对钻蛀、刺吸式口器害虫和害螨的防效优异，持效期中等，其杀虫机理是阻断线粒体的氧化磷酰化作用。

作用机理：溴虫腈是一种杀虫剂前体，其本身对昆虫无毒杀作用。昆虫取食或接触溴虫腈后在昆虫体内，溴虫腈在多功能氧化酶的作用下转变为具体杀虫活性化合物，其靶标是昆虫体细胞中的线粒体。使细胞合成因缺少能量而停止生命功能，打药后害虫活动变弱，出现斑点，颜色发生变化，活动停止，昏迷，瘫软，最终导致死亡。

使用方法：

溴虫腈有一定的杀卵作用，结合害虫的预测预报工作，建议在害虫的产孵高峰，或卵孵高峰喷雾能起到良好的防治效果。

由于溴虫腈在植物体内具有良好的局部传导性，可以从叶片的一面渗透传导至另一面，故对害虫取食的叶片的背面也可以得到同样的效果。

药后 1~3 天内防效 90%~100%，药后 15 天药效仍可稳定在 90%，推荐亩用量 30~40ml，安全间隔期 15~20 天。

防治十字花科蔬菜上的小菜蛾、甜菜夜蛾，亩用 10%悬浮剂 34~50ml，对水 40~50kg 常规喷雾，对高龄大虫应增加用量，药效可维持 15 天左右。每个生长季节使用不宜超过 2 次。可与顺式氯氰菊酯混用，或与氟铃脲、高效氯氟氰菊酯轮用，可增强杀卵效果。

药害及处理：溴虫腈原药溶于丙酮和水中（1∶1），试验浓度 1 000mg/kg时，对棉苗和利马豆无药害。溴虫腈具有胃毒和触杀的双重作用，施药时要均匀的将药液喷到叶面害虫取食部位或虫体上。除尽不宜与其他杀虫剂混用，提倡与其他不同作用机制的杀虫剂交替使用，如卡死克等，每季作物建议使用次数不超过 2 次。

第四章 杀菌剂

烟草生产中烟草病害是生产者面对的一大难题。每年烟草病害造成的损失占很大比例。据统计我国烟草上目前约有 60 种病害。其中真菌病害约占一半，病毒病害约占 1/3，细菌其他病害约占 1/6。其中发生较为普遍且严重为害病害的约有 20 种。包括苗床期的炭疽病、大田期的黑胫病、病毒病、赤星病、青枯病及野火病等。这些病害的控制除了采取农业防治措施外，主要还是靠化学药剂防治。用于防治植物病害的化学药剂通称为杀菌剂。包括在病原菌入侵烟草之前即用于杀菌或阻止病菌入侵的保护类杀菌剂，和烟草已经被病菌侵染发病后用于控制病害的治疗类杀菌剂，以及诱导烟草对病菌产生抗性的诱导抗性类杀菌剂。

按照杀菌剂作用的对象，又将其分为杀真菌剂、杀细菌剂、杀线虫剂和植物病毒抑制剂。各种杀菌剂以拌种、浸种、包衣、喷雾、喷粉及灌根等方法使用来保护烟草，控制病害，为烟草的生产保驾护航。明确烟草上常用杀菌剂的特点和安全使用方法可以明显提高杀菌剂的药效。如果使用不当可能会造成药害等为害。

对烟草上推荐使用的杀菌剂基本特性和安全使用介绍如下。

一、48%霜霉·络氨铜水剂

（1）基本特性。高效低毒内吸性杀菌剂，因其杀菌机理不同于已产生抗药性杀菌剂，所以无交互抗性。本品具有极强的内吸性和刺激植物生长作用。因此用本品代替已产生抗性的杀菌剂，防治烟草黑胫病有独特的效果。

（2）化学特性。

有效成分：络氨铜 23%，霜霉威 25%

通用名、学名：

分子式：$\{[Cu(NC_3)_4]^{2+} \cdot X^{2-}\}$、$C_9H_{20}N_2O_2$

结构式：

（3）烟草上的主要防治对象。

主要用于防治：烟草黑胫病

正常用量：200~1 500倍液灌根

与之有效成分相同的药剂：霜霉·络氨铜

（4）安全使用。

①在成苗期或发病前，用本品1 200~1 500倍液喷施，在移栽后7~8天和3~6周，用本品1 200~1 500倍液浇灌烟株。每亩按1 200株计，每株浇灌40ml。病情严重时，可浇灌1 000倍液，每株40ml，间隔7天，根据病情程度，在用本品1 000~1 500倍液，重点喷施茎基部1次。

②为预防和延缓病菌抗病性，注意应与其他农药交替使用，每季喷洒次数最多3次。配药时，按推荐药量加水后要搅拌均匀，若用于喷施，要确保药液量，保持土壤湿润。

③在碱性条件下易分解，不可与碱性物质混用，以免失效。

（5）不安全使用产生的药害情况。当药剂使用浓度为正常用量3倍时，植株出现不明显的生长不良，与清水对照相比植株稍显矮小。当药剂用量达到正常用量6倍时，植株出现畸形症状，该症状主要出现于新叶部分，叶片加厚，伸展缓慢（图4-1）。

二、80%代森锌可湿性粉剂

（1）基本特性。代森锌为保护性有机硫杀菌剂。纯品为灰白色粉末，工业品为灰白色或淡黄色粉末，有硫磺气味。在碱性、高温、潮湿、日光照晒条件下不稳定。对人畜低毒，但对人的皮肤、鼻、咽喉有刺激作用。对植物安全无污染。主要剂型60%、65%和80%可湿性粉剂。

（2）化学特性。

有效成分：代森锌80%

通用名、学名：代森锌

分子式：$C_4H_6N_2S_4Zn$

结构式：

$$-S-\underset{S}{\overset{}{\|}}C-CH_2-\underset{H}{N}H-CH_2CH_2-\underset{H}{N}H-\underset{S}{\overset{S}{\|}}C-S-Zn^{++}$$

（3）烟草上的主要防治对象。

主要用于防治：烟草立枯病、炭疽病

正常用量：1 200~1 500g/hm^2

与之有效成分相同的药剂：80%代森锰锌可湿性粉剂

（4）安全使用方法。

①葫芦科蔬菜对锌敏感，用药时要严格掌握浓度，不能过大。

②不能与碱性农药混用。

③本品受潮、热易分解，应存置阴凉干燥处，容器严加密封。

④使用时注意不让药液溅入眼、鼻、口等，用药后要用肥皂洗净脸和手。

⑤不安全使用产生的药害情况。

苗期叶面喷施该药正常浓度1、2、4倍，半个月内均未出现药害症状，当药剂浓度达到6倍时，第5天，在水分及养料充足的情况下，下部叶片边缘萎蔫，出现轻微翻卷（图4-2），第9天，叶片边缘，药剂聚集处叶片连片干枯，沿边缘皱缩，不伸展；新叶均正常。

80%代森锌可湿性粉剂，大田用药，在正常用量10倍以下打顶后至烘烤前用药均未出现药害症状。在第二次用药正常用量10倍浓度时，第一次烘烤后第4天叶片出现零星退绿变黄斑点，斑点慢慢变褐干枯，叶片有泡状（图4-3）。

三、68%丙森·甲霜灵可湿性粉剂

（1）基本特性。丙森锌是一种广谱、速效的保护性杀菌剂。其他名称安泰生。

甲霜灵是一种具有保护和治疗作用的内吸性杀菌农药，可被植物根、茎、叶吸收，并随植物体内水分运转输送到各器官。该药对霜霉病、疫霉病、腐霉病所致病害有特效，但极易产生抗药性。

（2）化学特性。

有效成分：丙森锌 甲霜灵　68%

通用名、学名：

分子式：$(C_5H_8N_2S_4Zn)_x$、$C_{15}H_{21}NO_4$

结构式：

（3）烟草上的主要防治对象。

主要用于防治：烟草黑胫病

正常用量：$900 \sim 1\ 500 g/hm^2$

与之有效成分相同的药剂：58%甲霜·锰锌可湿性粉剂

（4）安全使用。

①丙森锌是保护性杀菌剂，必须在病害发生前或始发期喷药。

②不可与铜制剂和碱性药剂混用。若喷了铜制剂或碱性药剂，需1周后再使用安泰生。

（5）不安全使用产生的药害情况。苗期丙森甲霜灵在正常用量1、2、4、6倍时均未出现药害，使用浓度达到正常用量的8倍时出现药害症状，出现药害的时间是药后4天叶片边缘，药剂凝结处，先出现透明状，后干枯，叶片轻微翻卷；新叶均正常．大田用药，1、2、4、6、8倍均未出现药害（图4-4）。

四、58%甲霜锰锌可湿性粉剂

（1）基本特性。甲霜灵是一种具有保护和治疗作用的内吸性杀菌农药，可被植物根、茎、叶吸收，并随植物体内水分运转输送到各器官。该药对霜霉病、疫霉痀、腐霉病所致病害有特效，但极易产生抗药性。应与其他杀菌剂交替使用，针对病原菌易对甲霜灵产生抗性的问题，已开发了多个甲霜灵与保护性杀菌剂复配的混剂，如恶霜菌酯、甲霜恶霉灵等；甲霜灵锰锌属低毒农药，但对皮肤有中度刺激性。

（2）化学特性。

有效成分：甲霜灵 10%　代森锰锌 48%

通用名、学名：雷多米尔·锰锌

分子式：$C_{15}H_{21}NO_4$、$[C_4H_6MnN_2S_4]_xZn_y$，x：y = 1：0.091

结构式：

（3）烟草上的主要防治对象。

主要用于防治：烟草黑胫病

正常用量：1 200～1 800g/hm²

与之有效成分相同的药剂：72%甲霜·锰锌可湿性粉剂、70%代森锰锌可湿性粉剂、64%恶霜·锰锌可湿性粉剂、68%丙森·甲霜灵可湿性粉剂

（4）安全使用。

①防治烟草黑胫病，在发病前，亩用58%可湿性粉剂100～150g或72%可湿性粉剂100～120g，对水50～60kg，喷洒烟株基部，10～15天后再喷1次。也可结合灌根。苗床消毒是在播后2～3天，亩用58%可湿性粉剂120g，对水喷洒苗床。防治烟草根黑腐病，用58%可湿性粉剂500～600倍液由根插孔注药或浇淋。

②该药连续使用后，病菌极易产生抗性，应与其他杀菌剂交替使用，但不可再与其他杀菌剂混用。

③放在通风干燥处保存，不能与杀虫剂、除草剂在一起存放。

④该药目前尚无解毒特效药，在使用时应注意劳动保护，手和皮肤着药液后，应用清水冲洗干净。用过的包装应妥善处理。

（5）不安全使用产生的药害情况。苗期甲霜锰锌的使用浓度达到正常用量的 2 倍时出现药害症状，出现药害的时间是药后 7 天，叶间出现褪绿发黄斑点，类似花叶病症状，随后在叶顶端出现褪绿白斑；当浓度达到正常用量 4 倍时，第 5 天除去出现褪绿状外，后期从叶顶端，沿叶片边缘枯死；新叶叶尖干黄（图 4-5）。

大田在正常用量 10 倍以下于打顶后至烘烤前用药均未出现药害症状。在第二次用药正常用量 10 倍浓度时，第一次烘烤后第 3 天叶片上部变黄，叶尖部枯死，叶片有泡状（图 4-6）。

五、50%异菌脲可湿性粉剂

（1）基本特性。异菌脲是二甲酰亚胺类高效广谱、触杀型杀菌剂。适用于防治多种果树、蔬菜、瓜果类等作物早期落叶病、灰霉病、早疫病等病害。

作用机制：异菌脲能抑制蛋白激酶，控制许多细胞功能的细胞内信号，包括碳水化合物结合进入真菌细胞组分的干扰作用。因此，它即可抑制真菌孢子的萌发及产生，也可抑制菌丝生长。即对病原菌生活史中的各发育阶段均有影响。

（2）化学特性。

有效成分：异菌脲 50%

通用名、学名：异菌脲

分子式：$C_{13}H_{13}Cl_2N_3O_3$

结构式：

（3）烟草上的主要防治对象。

主要用于防治：烟草赤星病

正常用量：$750 \sim 937.5 g/hm^2$

与之有效成分相同的药剂：无

（4）安全使用。

①不能与腐霉利（速克灵）、乙烯菌核利（农利灵）等作用方式相同的杀菌剂混用或轮用。

②不能与强碱性或强酸性的药剂混用。

③为预防抗性菌株的产生，作物全生育期异菌脲的施用次数要控制在 3 次以内，在病害发生初期和高峰前使用，可获得最佳效果。

（5）不安全使用产生的药害情况。

苗期用药，正常浓度 1、2、4 倍均未出现要害症状，在异菌脲的使用浓度达到正常用量的 6 倍时，第 5 天出现药害症状，叶片药剂凝结出先出现失绿斑，第 9 天，失绿斑变灼烧状枯斑，枯斑仅在药剂凝结出出现，单个存在，不连片；当药剂浓度达到 8 倍时，枯斑形状变大，数量变多；新叶均正常（图 4-7）。

六、45%王铜·菌核净可湿性粉剂

（1）基本特性。本品由菌核净与王铜二元复配而成，是内吸性低毒杀菌剂。该药内吸性较高、渗透力较强，具有预防、治疗等功效，对烟草赤星病有较好防治效果。

（2）化学特性。

有效成分：菌核净 20%、王铜 25%

通用名、学名：王铜·菌核净

分子式：$C_{10}H_7C_{12}NO_2$、$Cu(OH)_2 \sim 3CuCl_2$

结构式：

（3）烟草上的主要防治对象。

主要用于防治：烟草赤星病

正常用量：562.5~843.75g/hm^2

与之有效成分相同的药剂：40%菌核净可湿性粉剂

（4）安全使用。

①本品宜在烟草封顶后发病前或发病初使用，稀释 500~750 倍液均匀喷施。

②视病情发生情况，隔 7 天喷 1 次，可连续用药 2~3 次。

③使用本品时应穿戴好防护用品，避免吸入药液。施药期间不可吃东西和饮水。施药后应及时洗手和洗脸。

④本品在中性和酸性中稳定，于碱性中有轻微分解。不得与碱性农药等物质混用。

⑤建议与其他作用机制不同的杀菌剂轮换使用。

⑥施药和清洗药械时避免污染池塘和水源。

⑦孕妇及哺乳期妇女应避免接触此药。

⑧用过的容器应妥善处理，不可做它用，也不可随意丢弃。

（5）不安全使用产生的药害情况。苗期叶面喷施该药剂，达到正常用量 4 倍，第 3 天出现药害症状，叶面药剂凝结处出现连片白色块斑第 5 天斑点连片，呈网状，叶片失绿；新叶叶片严重向叶背面翻卷，严重畸形，叶脉间干枯，内陷，随着植株生长，新叶上无斑点出现（图4-8）。

七、40%菌核净可湿性粉剂

（1）基本特性。菌核净具有广谱、杀菌、非内吸保护性杀菌剂、持效期长等特点。由表及内彻底杀菌，多种病菌一次清除。

（2）化学特性。

有效成分：40%菌核净

通用名、学名：菌核净

分子式：$C_{10}H_7Cl_2NO_2$

结构式：

（3）烟草上的主要防治对象。

主要用于防治：烟草赤星病、烟草菌核病

正常用量：1 125~2 025g/hm²

与之有效成分相同的药剂：45%王铜·菌核净可湿性粉

（4）安全使用方法。

①防治烟草赤星病时，发病初期施药量为每亩用40%菌核净可湿性粉剂100~200g（400~600倍）对水喷雾防治，每隔7~10天喷1次，连续3次。

②防治烟草菌核病时用40%菌核净可湿性粉剂800~1 500倍液，喷雾，10~14天1次，连续喷2~3次。

③不要与强碱性药物混用。

④使用中严防药液污染手、脸等皮肤部位。如不慎污染，需立即清洗。

⑤施药后的工具必须及时清洗，药袋或瓶要及时回收妥善处理。剩余药剂要在阴凉、干燥、避风和通风良好的地方储存。

（5）不安全使用产生的药害情况。

①苗期叶面喷施该药剂，第3天出现药害，叶面出现褪绿白斑（图4-9）；第8天正常浓度2倍药剂喷施下的叶片（图4-10），枯斑连片，有单个枯斑变变灼烧枯斑，叶片卷曲；第8天，正常浓度4倍药剂喷施下的叶片（图4-11），叶片严重卷曲，整叶片失绿，枯斑连片，呈褐色坏死状。

②大田喷施药剂，第 4 天出现药害，正常浓度 2 倍药剂下（图 4-12），叶片出现褪绿水渍状块斑。

正常浓度 4 倍药剂下，第 4 天症状（图 4-13），叶片出现大量枯斑，叶片有坏死迹象。

第 6 天 2 倍浓度下（图 4-14），枯斑连片，呈印花状，变褐色，叶片出现卷曲，随雨水冲刷，顶部新叶有明显自行恢复迹象。

第 6 天 4 倍药剂浓度下（图 4-15），原有枯斑叶片，枯斑数量增多，变褐色，叶片畸形，卷曲程度加剧。

第 8 天 2 倍药剂浓度下（图 4-16），枯斑数量增多，且变褐色，新叶无症状，植株正常生长。

第 8 天 4 倍药剂浓度下（图 4-17），叶片上药剂凝聚处出现枯斑，整个叶片上布满大量枯斑，个别叶片整片外翻，枯斑连片，最终导致叶片枯死，新叶不出现症状。

八、25%溴菌·多菌灵可湿性粉剂

（1）基本特性。具有独特的保护、内吸治疗和铲除功能，适用于各类果树、蔬菜及烟草、药材等多种作物的真菌性、细菌性病害，效果显著，持效期长。药剂能够迅速被菌体细胞吸收，并在菌体细胞内传导，而干扰菌体细胞的正常发育，从而达到抑菌、杀菌作用。溴菌多菌灵并能刺激作物体内多种酶的活性，增加光合作用，叶色浓绿、植株健壮，从而提高作物产量。

（2）化学特性。

有效成分：多菌灵 5%、溴菌腈 20%

通用名、学名：溴菌·多菌灵

分子式：$C_6H_6Br_2N_2$、$C_9H_9N_3O_2$

结构式：

（3）烟草上的主要防治对象。

主要用于防治：多种真菌病害

正常用量：500~833mg/kg

与之有效成分相同的药剂：多菌灵 5%、溴菌腈 20%

（4）安全使用。应用方式灵活，叶面喷雾、种子处理和土壤灌根，都表现出较好的防效。

（5）不安全使用产生的药害情况。25%溴菌·多菌灵可湿性粉剂浓度达到正常使用浓度 3 倍时不出现明显的药害症状，但苗期植株与清水对照相比整体生长状况稍差。

当药剂使用浓度达到正常用量 6 倍时，喷药后第 2 天在叶片药剂凝聚较多的部位出现不连续的点状变黄枯斑，随着时间延长枯斑逐渐明显转为坏死枯斑。而接触药剂较少的部位没有出现药害症状（图 4-18）。

九、25%阿维·丁硫水乳剂

（1）基本特性。阿维菌素对螨类和昆虫具有胃毒和触杀作用，不能杀卵。阿维菌素在土内被土壤吸附不会移动，并且被微生物分解，因而在环境中无累积作用，可以作为综合防治的一个组成部分。调制容易，将制剂倒入水中稍加搅拌即可使用，对作物亦较安全。

丁硫克百威又叫丁硫威、好年冬、安棉特，属于氨基甲酸酯类，其毒性机理是抑制昆虫乙酰胆碱酶（Ache）和羧酸酯酶的活性，造成乙酰胆碱（Ach）和羧酸酯的积累，影响昆虫正常的神经传导而致死。

（2）化学特性。

有效成分：阿维菌素 0.5% 丁硫克百威 24.5%

通用名、学名：阿维菌素·丁硫克百威

分子式：$C_{48}H_{72}O_{14}$（B_{1a}）·$C_{47}H_{70}O_{14}$（B_{1b}）、$C_{20}H_{32}N_2O_3S$

结构式：

Avermeclin B_{1a}
R=CH$_2$CH$_3$

Avermeclin B_{1b}
R=CH$_3$

（3）烟草上的主要防治对象。

主要用于防治：烟草根结线虫

正常用量：125~250mg/kg

与之有效成分相同的药剂：0.5%（1.5%）阿维菌素颗粒剂、5%丁硫克百威颗粒剂、5%丁硫·毒死蜱颗粒剂、20%丁硫·福·戊唑悬浮种衣剂

（4）安全使用。

①本品不能与酸性或强碱性物质混用，但可与中性物质混用。

②切忌误食，如果遇急性中毒，可用阿托品解毒，或送医院治疗。

③存放于阴凉干燥处，应避光、防水、避火源。

④喷洒时力求均匀周到，尤其是主靶标。

（5）不安全使用产生的药害情况。我们将苗期烟苗用此药进行灌根处理，结果在

阿维丁硫的使用浓度达到正常用量的 4 倍时，第 5 天出现药害症状，顶部 2~3 片新叶，叶基拉长，叶片细长，叶片基部皱缩，轻微畸形；第 15 天，叶片仍然细长，并伴有内卷，皱缩，严重畸形，症状是系统性的（图 4-19）。

田间，在正常用量 20 倍以下打顶后至烘烤前用药均未出现药害症状。在第二次用药正常用量 20 倍浓度时，第一次烘烤后第 3 天出现药害，叶面呈轻微泡状，叶边缘出现零星枯斑（图 4-20）。

十、20%盐酸吗啉胍可湿性粉剂

（1）基本特性。盐酸吗啉胍是一种广谱、低毒病毒防治剂，喷施作物叶片后，通过水气孔进入作物体内，抑制或破坏核酸和脂蛋白的形成，阻止病毒的复制过程，起到防治病毒病的作用。

（2）化学特性。

有效成分：盐酸吗啉胍 20%

通用名、学名：盐酸吗啉胍

分子式：$C_6H_{14}ClN_5O$

结构式：

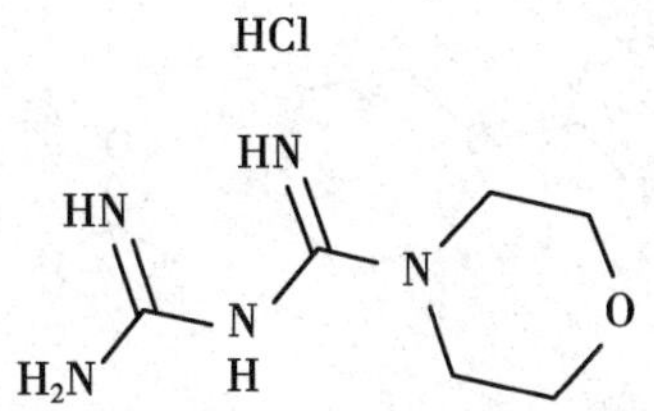

（3）烟草上的主要防治对象。

主要用于防治：烟草病毒病

正常用量：500~667mg/kg

与之有效成分相同的药剂：5.6%嘧肽·吗啉胍可湿性粉剂、24%甲诱·吗啉胍悬浮剂、40.0004%羟烯·吗啉胍可湿性粉剂、20%琥铜·吗啉胍可湿性粉剂、40%烯·羟·吗啉胍可溶粉剂、20%吗胍·乙酸铜可湿性粉剂

（4）安全使用。

①防治烟草病毒病，每亩用 20%可湿性粉剂，用量 200~250g，喷雾。

②在用药的同时要注意加强蚜虫的防治。

③用药时间应在早晨、傍晚最佳，避免在烈日和雨天施药，如用药后 1 天内遇雨，应补喷。

④不可与碱性农药混合使用。

⑤在番茄上安全间隔期为 5 天。

⑥建议选择不同机制的杀菌剂轮换使用。

⑦使用本品时应穿戴防护服和手套，避免吸入药液。施药期间不可吃东西和饮水。

（5）不安全使用产生的药害情况。苗期叶面喷施该药，达到正常浓度4倍时，第5天出现药害症状，叶片边缘变薄，失绿，呈半透明状，并伴有轻微内卷（图4-21）。

十一、20%吗胍·乙酸铜可湿性粉剂

（1）基本特性。本品是由盐酸吗啉胍和醋酸铜复配而成的一种广谱、高效病毒防治剂。药液喷到植物叶面后，药剂可通过水气孔进入植物体内，抑制或破坏蛋白质和核酸的形成，阻止病毒复制过程，起到防治病毒的作用。对烟草、蔬菜、茶叶、苹果等作物的花叶病、蕨叶病、条斑病、赤星病等病毒病有良好的防治效果，对小麦丛矮病、玉米粗缩病也有明显的预防和治疗作用。

（2）化学特性。

有效成分：盐酸吗啉胍16%、乙酸铜4%

通用名、学名：盐酸吗啉胍（病毒灵、吗啉胍）；醋酸铜（乙酸铜）

分子式：$C_6H_{14}ClN_5O$、$C_4H_6CuO_4$

结构式：

（3）烟草上的主要防治对象。

主要用于防治：烟草病毒病

正常用量：$500\sim750g/hm^2$

与之有效成分相同的药剂：5.6%嘧肽·吗啉胍可湿性粉剂、24%甲诱·吗啉胍悬浮剂、40.0004%羟烯·吗啉胍可湿性粉剂、20%琥铜·吗啉胍可湿性粉剂、40%烯·羟·吗啉胍可溶粉剂、5%（20%）盐酸·吗啉胍可湿性粉剂

（4）安全使用。

①不可与碱性及铜汞农药混合使用。

②应注意提前喷药，病毒发生初期使用，预防抑制为主。可与叶面肥等混合使用，宜避高温。

③蚜虫和螨类是病毒传播媒介，要加强防治，减少侵染病源。高温干旱会诱发病毒病的发生。

④安全间隔期为7天。

⑤使用浓度不能低于300倍。

⑥对水生物有害，切勿污染水源及池塘。

⑦本品与锌肥混配使用，对病毒病防效显著。

（5）不安全使用产生的药害情况。苗期叶面喷施该药剂，正常浓度4倍时，第14

天，出现药害，叶脉微黄，叶片向外卷曲 （图4-22）。

十二、15%三唑酮可湿性粉剂

（1）基本特性。三唑酮是一种高效、低毒、低残留、持效期长、内吸性强的三唑类杀菌剂。被植物的各部分吸收后，能在植物体内传导。对锈病和白粉病具有预防、铲除、治疗等作用。对多种作物的病害如玉米圆斑病、麦类云纹病、小麦叶枯病、凤梨黑腐病、玉米丝黑穗病等均有效。

（2）化学特性。

有效成分：三唑酮15%

通用名、学名：三唑酮

分子式：$C_{14}H_{16}C_1N_3O_2$

结构式：

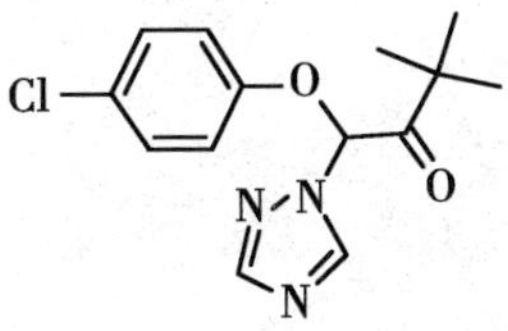

（3）烟草上的主要防治对象。

主要用于防治：烟草白粉病

正常用量：$75\sim150g/hm^2$

与之有效成分相同的药剂：三唑酮

（4）安全使用。

①三唑酮可以茎叶喷雾、处理种子、处理土壤等多种方式施用。

②可与碱性以及铜制剂以外的其他制剂混用。

③拌种可能使种子延迟1~2天出苗，但不影响出苗率及后期生长。

（5）不安全使用产生的药害情况。三唑酮的使用浓度达到正常用量的8倍时出现药害症状，出现药害的时间是药后6天，新叶叶片表面呈现轻微泡状，并且有轻微翻卷现象（图4-23）。

十三、12.5%腈菌唑微乳剂

（1）基本特性。主要对病原菌的麦角甾醇的生物合成起抑制作用，对子囊菌、担子菌均具有较好的防治效果。该剂持效期长，对作物安全，有一定刺激生长作用。同时对表角甾醇生物合成抑制剂。其具有强内吸性、药效高，对作物安全，持效期长特点。具有预防和治疗作用。

（2）化学特性。

有效成分：腈菌唑12.5%

通用名、学名：腈菌唑

分子式：$C_{15}H_{17}ClN_4$

结构式：

（3）烟草上的主要防治对象。

主要用于防治：烟草白粉病

正常用量：$56.25 \sim 75g/hm^2$

与之有效成分相同的药剂：25%腈菌唑乳油、锰锌腈菌唑可湿性粉剂、腈菌三唑酮乳油

（4）安全使用。

①性价比高，40%的含量达到60%的效果。

②"脂溶酶"增效，施药后1小时快速被植物吸收，杀菌到位，不留死角。

③悬浮剂，全程使用安全，不伤花果。

④科学使用促进作物快速生长，叶色浓绿，植株健壮，提高产量。

（5）不安全使用产生的药害情况。苗期叶面喷施该药剂，正常用量4倍，施药后第5天出现药害症状，新叶叶面出现严重泡状，与正常叶片对比，内卷，畸形（图4-24）。

十四、8%宁南霉素水剂

（1）基本特性。是一种低毒、低残留、无"三致"和蓄积问题，不污染环境的新农药，对水稻白叶枯病相对防效为70%左右，高的可达90%，增产效果为10%~20%，高的可达35%，另外它对小麦、蔬菜、花卉等白粉病的防病、增产效果都很显著，对水稻小球菌核病、油橄榄孔雀斑病、疮痂病及烟草花叶病防效也很好。

（2）化学特性。

有效成分：宁南霉素 8%

通用名、学名：宁南霉素 、菌克毒克

分子式：$C_{16}H_{23}O_8N_7$

结构式：

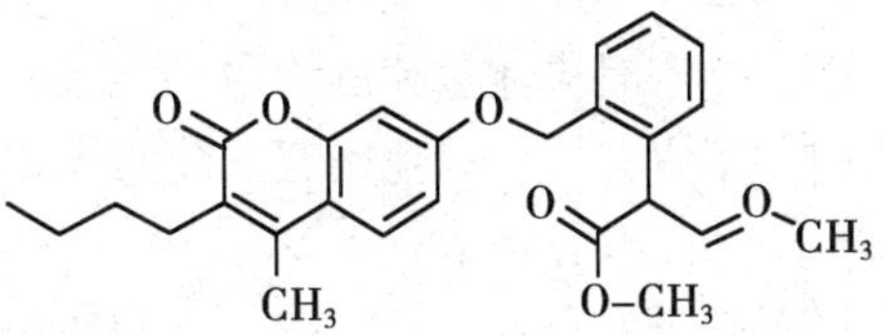

（3）烟草上的主要防治对象。

主要用于防治：烟草病毒病

正常用量：1 600 倍液

与之有效成分相同的药剂：宁南霉素

（4）安全使用。

①不能与碱性物质混用，如有蚜虫发生则可与杀虫剂混用。

②存放于阴凉干燥处，密封保管，注意保质期。

（5）不安全使用产生的药害情况。在正常用量 3 倍时，该药剂在烟草植株上没有出现明显的药剂症状，清水喷施的健康对照相比没有明显的差别。当药剂使用浓度达到正常用量的 6 倍时，叶片上药剂凝聚较多的部位出现数量较少黄色坏死斑点（图 4-25）。

十五、6%烯·羟·硫酸铜可湿性粉剂

（1）基本特性。高效植物病毒抑制剂、杀菌剂、螯合态多种微量元素、植物生长调节剂和高效助剂等，具有保护、治疗、铲除三大功能，能有效地纯化病毒粒子，抑制植物在细胞体内的复制和组合，能使植株健壮生长，增强抗逆性能。促进叶绿素合成，刺激细胞快速分裂，促进新陈代谢，增强酶的活性，增加氨基酸含量，提高品质，增加产量。

（2）化学特性。

有效成分：羟烯腺嘌呤 0.000015%、硫酸铜 6%、烯腺嘌呤 0.000015%

通用名、学名：烯·羟·硫酸铜

（3）烟草上的主要防治对象。

主要用于防治：烟草病毒病

正常用量：528～600g/hm²

与之有效成分相同的药剂：24%混脂·硫酸铜水乳剂

（4）安全使用。

①不能与碱性物质混用，使用时应注意喷洒均匀。

②药剂调好后尽快喷用，不宜久置，以免引起沉淀而失效。

③遇雨应即使补喷。

④使用后的喷雾器应妥善处理，不得污染水源、食物和饲料。

⑤使用本品时应穿戴防护服和手套，避免吸入药液。施药期间不可吃东西和饮水。施药后应及时洗手和洗脸及暴露部位皮肤。

（5）不安全使用产生的药害情况。田间，在正常用量20倍以下打顶后至烘烤前用药均未出现药害症状。在第二次用药正常用量20倍浓度时，第一次烘烤后第3天出现药害，叶片出现不连续枯斑（图4-26）。

十六、3%多抗霉素水剂

（1）基本特性。多抗霉素易溶于水，不溶于甲醇、丙酮等有机溶剂，对紫外线及在酸性和中性溶液中稳定，在碱性溶液中不稳定，常温下贮存稳定对黄瓜霜霉病、白粉病、人参黑斑病、苹果、梨灰斑病，以及水稻纹枯病都有较好的防效。

（2）化学特性。

有效成分：多抗霉素 3%

通用名、学名：多抗霉素

分子式：$C_{17}H_{25}N_5O_{13}$

结构式：

（3）烟草上的主要防治对象。

主要用于防治：烟草赤星病

正常用量：800 倍液

与之有效成分相同的药剂：3%多抗霉素

（4）安全使用。

①不能与碱性或酸性农药混用。

②密封保存，以防潮结失效。

③虽属低毒药剂，使用时仍应按安全规则操作。

（5）不安全使用产生的药害情况。当用量达到正常用量的 3 倍时就出现了药害症状，但该症状是系统性的，不形成枯斑状坏死，而是出现叶片皱缩，新叶稍显畸形，生长缓慢的药害症状。当用药量达到正常用量的 6 倍时，皱缩症状更加明显，且出现该症状的叶片增多，新叶畸形显著（图 4-27）。

第五章　除草剂

第一节　概　述

一、烟田除草剂药害研究目的意义

烟草是我国重要的经济作物，在南北方均有种植。湖南省湘南、湘东、湘中烟区主要采用烟—稻轮作的种植制度，自 20 世纪 70 年代实行稻田改制以来，烟—稻轮作的面积逐步扩大，极大地提高了农业生产效益。但近年来，除草剂药害问题凸显，严重影响烟叶和水稻的产量和质量。

烟—稻轮作区杂草种类繁多，主要有马唐、狗尾草、千金子、稗、牛筋草、画眉草、看麦娘、早熟禾、狗牙根、苫草、雀舌草、繁缕、铁苋菜、苍耳、莎草、猪殃殃、鸭跖草、马齿苋、龙葵、藜、荠、苦荬菜、蒲公英、小旋花、香附子、蓼、小飞蓬等。烟田杂草可与烟草竞争水分、空间和营养，并可传播病虫害，尤其是南方烟区，在烟草生长季节，温度高，降水量大，杂草的生长和为害成为烟草生产中的突出问题，影响了烟叶的产量和质量。生产中杂草防除方法主要有农业防治、覆盖薄膜、化学除草等，其中化学除草省时、省力，是当前各烟区普遍采用的一种方法，它能把杂草连根彻底消灭，并能在土壤中保持一段较长时间，继续发挥药效，不让杂草滋生，不但可节省大量劳动力，增产增收，并且有利于农业机械化的发展和耕作栽培技术的革新。

烟田杂草的生长和为害成为烟草生产中的突出问题，影响了烟叶的产量和质量。化学除草省时、省力，是当前各烟区普遍采用的一种方法。但目前国内在烟草上登记的除草剂种类并不多，且部分除草剂安全性较差，易对烟株产生药害。目前关于烟田除草剂药害和防控措施有少量报道。这些报道指出，烟草产生药害的主要原因有：用药品种不当、用药时间不当、药量使用不当、环境不适、土壤残留、药械性能问题或清洗不彻底、雾滴挥发与漂移、混用不当。同时，这些报道也提出了一些药害发生后的补救措施：及时排毒、加强田间管理、喷施生长调节剂、迅速去除药害较严重的叶片。但这些研究提到的治理技术在实际应用中还没有取得理想的效果，特别是烟稻轮作区除草剂药害的问题还未见报道。

近年来，湖南省各烟叶产区出现了除草剂药害现象，每年因药害导致的经济损失非常巨大，且呈连年上升的趋势，对湖南省乃至全国的优质烟叶开发形成了不同程度的威胁。除草剂产生的药害，由于病害因素、缺肥因素及作物生理障碍等因素的存在，从而使鉴别的难度增大。目前，国内尚无针对烟草农药药害症状的系统图谱，也没有相应的较为全面的烟草药害的治理技术体系。

为了烟农准确快速的认识和识别烟草除草剂药害，在发生药害的最短时间内运用正确的药害治理技术，最大限度的降低除草剂药害对烟草生产造成的损失。本课题组通过3年的系统研究，将在烟草上较为常见的除草剂药害症状以图册的形式展示，可以为烟草生产者提供直观快速的烟草农药诊断方法和治理技术，能有效的降低烟草农药药害对烟草生产造成的损失，对现代烟草农业的健康发展具有重要的意义。

二、除草剂发展历史

农田化学除草的开端可以上溯到19世纪末期，在防治欧洲葡萄霜霉病时，偶尔发现波尔多液能伤害一些十字花科杂草而不伤害禾谷类作物；法国、德国、美国同时发现硫酸和硫酸铜等的除草作用，并用于小麦等地除草。有机化学除草剂时期始于1932年选择性除草剂二硝酚的发现。20世纪40年代2, 4-D的出现，大大促进了有机除草剂工业的迅速发展。1971年合成的草甘膦，具有杀草谱广、对环境无污染的特点，是有机磷除草剂的重大突破。加之多种新剂型和新使用技术的出现，使除草效果大为提高。

我国自1956年试验使用除草剂以来，除草剂的生产及应用得到了长足发展。而今，除草剂已成为全世界农药产品中新的"龙头老大"，其销售额遥遥领先于杀虫剂和杀菌剂。据统计，截至2000年7月底，共有404个国内外厂家在中国登记除草剂，单剂品种（有效成分）102个，产品总数达1 421个，其中国产品1 078个。我国除草剂用量从20世纪90年代开始逐年大幅度上升，20世纪末接近10%，到2004年年底已上升到15%左右。

三、除草剂类型

除草剂可按作用方式、施药部位、化合物来源等多方面分类。

（一）根据作用方式分类

1. 灭生性除草剂

即对植物无选择性，"见绿都杀"，可使接触此药的植物均受害致死。我国目前主要有以下几种。

（1）百草枯。属中等毒性的速效触杀型，植物叶片接触此药后，其叶绿素和光合作用很快被破坏，经2~3h即开始受害变色。该药只对植物的绿色组织起作用，无传导内吸作用，只能使接触药的部位受害，不能穿透栓质化后的树皮，一经与土壤接触，即被吸收钝化，不能损坏植物根部和土壤内的种子，已于2016年7月1日起将其使用类别变更为禁用农药。

（2）敌草快（利农）。属中等毒性的速效除草剂，稍具传导性，可被植物绿色组织迅速吸收，使受药部位枯黄。与百草枯的作用相近，不能穿透栓质后的树皮，对地下根茎基本无破坏作用，与土壤接触后迅速丧失活力，对土壤内种子无害，适合于阔叶杂草的除草，还可用作种子植物的干燥剂，作催枯处理。玉米、水稻、小麦在成熟时谷粒水分含量较高，用此药（亩有效成分20~40g，对水15~20kg）喷雾处理，3~4天后收割。种子含水量比不施药的减少30%左右。

（3）草甘膦。属低毒、内吸传导型灭生性除草剂，主要是通过抑制植物体内的蛋白合成酶，导致植物死亡。它不仅能通过茎、叶传导到地下根部，而且在同一植株的不同分蘖期间也能进行传导，尤其对多年深根性杂草的地下组织破坏力强，也可根据需要，用涂抹棒对高大杂草和灌木进行涂抹或用树木注射器向非目的树种体内注射，都可取得理想的效果。该药的吸收传导作用受温度和浓度影响较大，低温低浓度下传导作用较慢，一般需 10~15 天见效，在高温条件下 3~7 天即可见效。

（4）甲嘧磺隆（森草净）。属低毒、活性极强的芽前、芽后灭生性除草剂，具有内吸传导。药液被植物绿色组织吸收后，体内氨基酸合成受阻，根部生长端细胞分裂被破坏，阻止植物生长，植株随后呈显著的紫红色，失绿坏死。除草灭灌谱广、活性高，可使杂草根、茎、叶彻底坏死。该药渗入土壤后还可发挥芽前活性，抑制杂草种子萌发，视土壤类型，杂草、灌木种类每亩施有效成分 25~50g，残效长达数月甚至一年以上。因此常用于林地，开辟森林防火隔离带、伐木后林地清理、休闲非耕地、道路边荒地除草灭灌。经试验发现某些针叶树可将此药代谢为无活性的糖苷，而具有选择性。因此在某些针叶苗圃和幼林可为最好的选择性农药，此外对其他的植物均可造成药害。

2. 选择性除草剂

指在一定剂量范围内在植物间具有选择性，只杀杂草不伤作物的除草剂，这类除草剂品种繁多，其应用也较复杂，除草效果及对作物的安全性除与使用的剂量有关外，也与当地的土质、气温、草相及作物的生长状况等有密切关系。因此使用这类除草剂必须结合土地实际情况，并利用各品种的不同作用特点进行复配试验。在实践中不断摸索总结出适合当地耕作制度条件下的最佳使用品种，最佳剂量和使用方法，以达到事半功倍的最佳效果。下面根据这类除草剂的主要作用特点，大致分为两类，介绍如下：一是芽前选择性除草剂；二是芽（苗）后选择性除草剂。一部分品种既有芽前除草功能又兼有苗后除草作用，另一部除有苗后除草作用外也兼有芽前除草的功能。只能以其主要作用划分，由于受到对其产品作用特点了解不够全面，因此不一定十分准确和科学，仅供参考。

（1）芽前除草剂。是指在作物播种前或播种后杂草没出土或刚出土时施用于地表的除草剂，故又叫土壤处理剂，主要防除对象是以种子萌发的一年生杂草。其中以防除禾本科（尖叶）杂草为主的品种主要有乙草胺（禾耐斯）、丁草胺（马歇特）、甲草胺（拉索）、异丙甲草胺（都尔）、二甲戊灵（施田补）、萘丙酰草胺（敌草胺）、克草胺、广灭灵（异恶草松）、除草醚、灭草灵、禾草特（禾大壮）等品种；以防除阔叶杂草为主的品种主要有：乙氧氟草醚（果尔）西玛净、西草净、莠去津（阿特拉津）、苄嘧磺隆、恶庚草烷（艾割）、恶草酮、莠灭净（氟草净）等品种。

（2）苗后选择性除草剂。是指在作物生长期间，杂草出土成苗后，施用药液处理植物茎叶，杂草茎叶吸收药液后死亡，而对作物无害的除草剂，故又叫茎叶处理剂，也分二种，其中以防除禾本科杂草为主的品种有：禾草灵、吡氟禾草灵（稳杀得）、精恶唑禾草灵（骠马、威霸）、高效吡氟氯草灵（高盖）、精喹禾灵（精禾草克）、烟嘧磺隆（玉农乐）等品种；以防除阔叶杂草为主的品种有：2, 4-滴丁酯、2 甲 4 氯钠盐、灭草松（排草丹）、哒草特（阔叶枯）、氟草定（使它隆）、草除灵（高特克）、氯嘧磺隆、砜嘧磺隆、苯磺隆（巨星）、甲磺隆、唑草酮（快灭灵）等品种。

（二）根据除草剂在植物体内的移动情况分类

触杀型除草剂：药剂与杂草接触时，只杀死与药剂接触的部分，起到局部的杀伤作用，植物体内不能传导。只能杀死杂草的地上部分，对杂草的地下部分或有地下茎的多年生深根性杂草，则效果较差，如除草醚、百草枯等。

内吸传导型除草剂：药剂被根系或叶片、芽鞘或茎部吸收后，传导到植物体内，使植物死亡，如草甘膦、扑草净等。

内吸传导、触杀综合型除草剂：具有内吸传导、触杀型双重功能，如杀草胺等。

（三）根据化学结构分类

无机化合物除草剂：由天然矿物原料组成，不含有碳素的化合物，如氯酸钾、硫酸铜等。

有机化合物除草剂：主要由苯、醇、脂肪酸、有机胺等有机化合物合成。如醚类——果尔、均三氮苯类——扑草净、取代脲类——除草剂一号、苯氧乙酸类——2甲4氯、吡啶类——盖草能、二硝基苯胺类——氟乐灵、酰胺类——拉索、有机磷类——草甘膦、酚类——五氯酚钠等。

（四）按使用方法分类

茎叶处理剂：将除草剂溶液对水，以细小的雾滴均匀的喷洒在植株上，这种喷洒法使用的除草剂叫茎叶处理剂，如盖草能、草甘膦等。

土壤处理剂：将除草剂均匀地喷洒到土壤上形在一定厚度的药层，当杂草种子的幼芽、幼苗及其根系被接触吸收而起到杀草作用，这种作用的除草剂，叫土壤处理剂，如西玛津、扑草净、氟乐灵等，可采用喷雾法、浇洒法、毒土法施用。

茎叶、土壤处理剂：可作茎叶处理，也可作土壤处理，如阿特拉津等。

四、当前市面主要除草剂种类

表5-1共收集除草剂单剂品种（有效成分）155种，其中有机合成除草剂152种（按其化学结构分为26类），无机除草剂1种，生物除草剂2种。

表5-1　除草剂单剂品种

结构类型	品种序号	中文通用名称	英文通用名称、中文商品名称、其他中文名称
一、有机合成除草剂			
酚类	001	五氯酚钠	PCP-Na。五氯苯酚钠
腈类	002	溴苯腈	Bromoxynil。伴地农
	003	辛酰溴苯腈	Bromoxynil octanoate。锐锄、左丹、阔草灵
嘧啶类	004	嘧啶肟草醚	Pyribenzoxim。韩乐天、嘧啶水杨酸、双嘧双苯醚
	005	嘧草醚	Pyriminobac-methyl。必利必能、嘧氧草醚
	006	双草醚	Bispyribac-sodium。农美利、一奇、双嘧草醚
	007	丙酯草醚	Pyribambenz-propy
	008	异丙酯草醚	……

（续表）

结构类型	品种序号	中文通用名称	英文通用名称、中文商品名称、其他中文名称
吡啶类	009	氟硫草定	Dithiopyr。坪草青
	010	氨氯吡啶酸	Picloram。
	011	二氯吡啶酸	Clopyralid
	012	三氯吡氧乙酸	Triclopyr。盖灌能、盖灌能-4、绿草定、定草酯
	013	氯氟吡氧乙酸	Fluroxypyr。使它隆、治莠灵、氟草定、氟草烟
联吡啶类	014	百草枯	Paraquat。克无踪、克芜踪、对草快
	015	敌草快	Diquat。利农、利克除、杀草快
酰胺类	016	敌稗	Propanil
	017	敌草胺	Napropamide。萘丙酰草胺、大惠利、耐丙胺、草萘胺、萘氧丙草胺
	018	毒草胺	Propachlor。扑草胺
	019	克草胺	Recaoan
	020	杀草胺	Ethaprochlor
	021	甲草胺	Alachlor。拉索、澳特拉索、草不绿、杂草锁、灭草胺
	022	乙草胺	Acetochlor。禾耐斯、圣农施、高倍得、消草胺
	023	丙草胺	Pretilachlor。扫弗特、瑞飞特、草杀特
	024	丁草胺	Butachlor。马歇特、新马歇特、饶地奥、灭草特、去草胺
	025	异丙草胺	Propisochlor。普乐宝、旱田乐、乐丰宝、旱地宝、旱乐宝
	026	异丙甲草胺	Metolachlor。都尔、稻乐思、杜尔、杜耳、屠莠胺、毒禾胺、甲氧毒草胺
	027	苯噻酰草胺	Mefenacet。除稗特、稗可斯、盖丁特
	028	吡氟酰草胺	Diflufenican。
	029	精异丙甲草胺	S-metolachlor。金都尔
	030	R-左旋敌草胺	R（-）-napropamide。麦平
磺酰胺类	031	唑嘧磺草胺	Flumetsulam。阔草清
	032	双氟磺草胺	Florasulam。普瑞麦
环状亚胺类	033	唑草酮	Carfentrazone-ethyl。快灭灵、福农、唑草酯、唑草酮酯、唑酮草酯
	034	噁草酮	Oxadiazon。农思它、恶草灵
	035	快噁草酮	Oxadiargyl。稻思达、丙炔噁草酮
	036	氟烯草酸	Flumiclorac-pentyl。利收
	037	丙炔氟草胺	Flumioxazin。速收、司米梢芽
二硝基苯胺类	038	氟乐灵	Trifluralin。氟利克、特氟力、特福力、氟特力、茄科宁
	039	仲丁灵	Butralin。地乐胺、锄地灵、丁乐灵、双丁乐灵
	040	二甲戊灵	Pendimethalin。施田补、二甲戊乐灵、除草通、胺硝草、杀草通、菜草通
	041	双苯酰草胺	Diphenamid。益乃得、草乃敌、双苯胺

（续表）

结构类型	品种序号	中文通用名称	英文通用名称、中文商品名称、其他中文名称
二苯醚类	042	除草醚	Nitrofen。
	043	甲羧除草醚	Bifenox。茅毒、茅丹、治草醚、甲羧醚
	044	乙羧氟草醚	Fluoroglycofen-ethyl。
	045	乙氧氟草醚	Oxyfluorfen。果尔、割草醚、乙氧醚
	046	三氟羧草醚	Acifluorfen。杂草焚、达克尔、布雷则、氟羧草醚、杂草净
	047	氟磺胺草醚	Fomesafen。虎威、除豆莠、北极星、氟磺草、磺氟草醚
	048	乳氟禾草灵	Lactofen。克阔乐
三氮苯类	049	西玛津	Simazine。田保净、西玛嗪
	050	莠去津	Atrazine。盖萨林、阿特拉津、园保净、阿特拉嗪
	051	氰草津	Cyanazine。百得斯、赛类斯、草净津
	052	扑灭津	Propazine
	053	扑草净	Prometryn。割草杀、割草佳、扑蔓净、扑蔓尽
	054	莠灭净	Ametryn。阿灭净
	055	西草净	Simetryn。西玛净
	056	氟草净	……
	057	戊草净	Dimethametryn。
三氮苯酮类	058	环嗪酮	Hexazinone。威尔柏、林草净
	059	嗪草酮	Metribuzin。赛克、赛克津、草克净、立刻除、甲草嗪、特丁嗪
有机磷类	060	草甘膦铵盐	Glyphosate ammonium
	061	草甘膦钠盐	杀草宝
	062	草甘膦异丙胺盐	Glyphosate isopropylamine。农达、农民乐、奔达、达利农、猛巴、可灵达、灵达、林达、隆达、通草灵、草灵净、时拔克、百草清、农旺、泰禾、年年春、春多多、镇草宁、草干膦、草甘宁、甘胺磷、膦甘酸
	063	草甘膦三甲基硫盐	泰草达
	064	莎稗磷	Anilofos。阿罗津、莎草磷
	065	哌草磷	Piperophos。
取代脲类	066	绿麦隆	Chlorotoluron。
	067	利谷隆	Linuron。
	068	杀草隆	Dymron。莎草隆、莎扑隆、香草隆
	069	伏草隆	Fluometuron。棉草隆、棉草完、棉草伏、高度蓝、氟草隆
	070	敌草隆	Diuron。地草净
	071	异丙隆	Isoproturon。益禾星
磺酰脲类	072	氯磺隆	Chlorsulfuron。绿磺隆、嗪磺隆
	073	甲磺隆	Metsulfuron-methyl。合力、合利、甲氧嗪磺隆
	074	苯磺隆	Tribenuron-methyl。巨星、亿力、阔叶净、麦磺隆
	075	醚磺隆	Cinosulfuron。莎多伏

（续表）

结构类型	品种序号	中文通用名称	英文通用名称、中文商品名称、其他中文名称
磺酰脲类	076	苄嘧磺隆	Bensulfuron-methyl。农得时、威农、稻无草、威龙、超农、苄磺隆、便磺隆、亚磺隆
	077	吡嘧磺隆	Pyrazosulfuron-ethyl。草克星、草灭星、韩乐星、水星、草威、克草神、西力士、一克净、吡磺隆
	078	氯嘧磺隆	Chlorimuron-ethyl。豆威、豆草净、豆草隆、豆磺隆、乙磺隆
	079	甲嘧磺隆	Sulfometuron-methyl。傲杀、森草净、嘧磺隆、甲磺嘧隆
	080	砜嘧磺隆	Rimsulfuron。宝成、玉嘧磺隆
	081	啶嘧磺隆	Flazasulfuron。秀百宫
	082	酰嘧磺隆	Amidosulfuron。好事达、氨基嘧磺隆、磺胺磺隆
	083	单嘧磺隆	Monosulfuron。麦谷宁
	084	烟嘧磺隆	Nicosulfuron。玉农乐、烟磺隆
	085	噻吩磺隆	Thifensulfuron-methyl。宝收、噻磺隆、阔叶散
	086	乙氧磺隆	Ethoxysulfuron。太阳星、氧嘧磺隆
	087	胺苯磺隆	Ethametsulfuron。油磺隆、菜磺隆、菜王星、金星
	088	甲磺隆钠盐	Metsulfuron methyl sodium
	089	四唑嘧磺隆	Azimsulfuron。康利福
	090	环丙嘧磺隆	Cyclosulfamuron。金秋、环胺磺隆
	091	甲酰胺磺隆	Foramsulfuron。康施它、甲酰氨基嘧磺隆
	092	甲基二磺隆	Mesosulfuron-methyl。世玛
	093	甲基碘磺隆钠盐	Iodosulfuron-methyl sodium
脂肪族类	094	茅草枯	Dalapon。达拉朋
苯甲酸类	095	麦草畏	Dicamba。百草敌、敌草威
苯氧羧酸类	096	2，4-D EHE	2，4-D EHE
	097	2，4-滴钠盐	2，4-D sodium
	098	2，4-滴丁酯	2，4-D butylate。2，4-D 丁酯、二，四-滴丁酯
	099	2，4-滴二胺盐	2，4-D dimethyl amine salt
	100	2，4-滴异辛酯	2，4-D isooctyl ester
	101	2甲4氯	MCPA。农多斯
	102	2甲4氯钠盐	MCPA-sodium。丰谷、2甲4氯钠、二甲四氯钠、二甲四氯钠盐
	103	2甲4氯胺盐	Aminex。百阔净
	104	2甲4氯丁酸乙酯	MCPB-ethylate
	105	酚硫杀	Phenothiol。芳米大
喹啉羧酸类	106	二氯喹啉酸	Quinclorac。快杀稗、杀稗王、神锄、稗草净、稗无踪、杀稗灵、克稗灵、克稗星、杀稗净、杀稗丰

（续表）

结构类型	品种序号	中文通用名称	英文通用名称、中文商品名称、其他中文名称
芳氧苯氧丙酸类	107	喹禾灵	Quizalofop-ethyl。禾草克、灭草克、盖草灵
	108	禾草灵	Diclofop-methyl。伊洛克桑、禾草除、苯氧醚
	109	喔草酯	Propaquizafop。爱捷
	110	氰氟草酯	Cyhalofop-butyl。千金
	111	喹禾糠酯	Quizalofop-P-tefuryl。喷特
	112	噁唑禾草灵	Fenoxaprop-ethyl。恶唑灵、骠灵
	113	吡氟禾草灵	Fluazifop-butyl。稳杀得、稳杀特、氟草除、氟草灵、氟吡醚
	114	吡氟乙草灵	Haloxyfop。盖草能、吡氟甲禾灵、氟吡甲禾灵
	115	精喹禾灵	Quizalofop-P-ethyl。精禾草克、精克草能、高效盖草灵
	116	精噁唑禾草灵	Fenoxaprop-P-ethyl。威霸、骠马、维利、高恶唑禾草灵
	117	精吡氟禾草灵	Fluazifop-P-butyl。精稳杀得
	118	精吡氟氯草灵	Haloxyfop-P-methyl。精盖草能
	119	高效氟吡甲禾灵	Haloxyfop-P-methyl。高效盖草能、右旋吡氟氯草灵
咪唑啉酮类	120	咪唑烟酸	Imazapyr。阿森呐
	121	咪唑乙烟酸	Imazethapyr。普施特、普杀特、咪草烟
	122	咪唑喹啉酸	Imazaquin。豆草灭、灭草喹。
	123	甲氧咪草烟	Imazamox。金豆
	124	甲咪唑烟酸	Imazapic。百垄通
四唑啉酮类	125	四唑酰草胺	Fentrazamide。拜田净、四唑草胺
环己烯酮类	126	烯禾啶	Sethoxydim。拿扑净、乙草丁、硫乙草灭、稀禾定
	127	烯草酮	Clethodim。收乐通、赛乐特
	128	吡喃草酮	Tepraloxydim。快捕净
氨基甲酸酯类	129	灭草灵	Swep
	130	燕麦灵	Barban。巴尔板
	131	磺草灵	Asulam。剑锄、黄草灵
	132	甜菜安	Desmdeipham
	133	甜菜宁	Phenmdeipham。凯米丰、苯敌草、甲二威灵
硫代氨基甲酸酯类	134	哌草丹	Dimepiperate。优克稗
	135	禾草丹	Thiobencarb。杀草丹、高杀草丹、稻草完、除田莠
	136	禾草敌	Molinate。禾大壮、禾草特、稻得壮、草达灭、杀克尔、环草丹
	137	灭草敌	Vernolate。灭草猛、卫农、莠迫死、灭草丹
	138	野麦畏	Triallate。阿畏达、野燕畏、燕麦畏、三氯烯丹

（续表）

结构类型	品种序号	中文通用名称	英文通用名称、中文商品名称、其他中文名称
有机杂环类	139	野燕枯	Difenzoquat。燕麦枯、野麦枯、双苯唑快
	140	灭草松	Bentazone。排草丹、苯达松、百草克、噻草平
	141	吡草醚	Pyraflufen-ethyl。霸草灵、速草灵
	142	稗草稀	Tavron。百草稀
	143	哒草特	Pyridate。阔叶枯、连达克兰、达草止
	144	磺草酮	Sulcotrione。玉草施
	145	卡草胺	Carbetamide。草长灭、雷克拉、草威胺
	146	杀草敏	Chloridazon。甜菜灵
	147	草除灵	Glyphosate。高特克、好实多、阔草克、唑草灵
	148	环庚草醚	Cinmethylin。艾割、仙治、环庚草烷、
	149	异噁草松	Clomazone。广灭灵、豆草灵
	150	异噁唑草酮	Isoxaflutole。百农思
	151	嗪草酸甲酯	Fluthiacet-methyl。阔镰锄
	152	去稗安	Oxaziclomefone
二、无机除草剂			
	153	硫酸铜	Copper sulfate
三、生物除草剂			
	154	鲁保一号	
	155	双丙氨膦	Bialaphos-sodium。好必思、双丙氨酰膦

五、除草剂对农作物的影响

除草剂应用于农业生产中极大地减轻了农民的劳动强度，大大提高了农业生产水平。但是除草剂通过干扰杂草生理代谢，发挥除草作用，同时对目标农作物生长也会产生一定影响，使用剂量、使用时期、使用方法等要求严格。一旦使用不当，就会导致后茬作物产生药害。另外，若前茬作物使用了长残留除草剂，也容易引起除草剂对下茬作物的药害。除草剂药害是指因除草剂使用不当，除草剂飘移或残留，引起作物发生不正常的生长发育或生理症状，如叶子变黄、叶斑、凋萎、灼伤、矮化、畸形乃至植株枯萎或死亡等。

六、除草剂药害产生的原因

（1）除草剂施药量过大。较大剂量的除草剂会使作物生理作用失调，产生药害。

（2）除草剂混用不当。两种或两种以上药剂混合使用时，农药间相互作用，使作物产生药害。

（3）除草剂施药方法不当。土壤处理的除草剂用作茎叶处理产生药害。

（4）施药时期不当。施药时间过早或过迟。

（5）除草剂漂移和挥发。

（6）除草剂随雨水流失、渗漏、淋溶。

（7）土壤残留。使用长残效除草剂如咪唑乙烟酸、异噁草酮、氯嘧磺隆等，在土壤中残留时间长对后茬敏感作物造成为害。

（8）作物生长环境。在砂质土、盐碱地上生长的作物易发生药害；灌溉、雨淋使作物种子接触药剂而受害。喷药时气候条件异常，遇高温或低温等恶劣气候条件产生药害。

第二节　烟草除草剂药害

一、烟草发展状况及贸易壁垒

中国不仅是世界上烟叶生产大国，其种植面积和产量居世界第一，而且还是烟叶消费大国。多年来，烟草行业一直在财政税收方面作出极大的贡献。21世纪时期，烟叶年收购量稳定，大约180.0万t，上中等烟比例高达90%以上，为国家创造高额税利，在国家经济发展和人民的生活需要方面起着重要的作用（刘国顺，1996；刘德成，2005）。烟叶品质和可用性的研究成为当今重要的课题，它直接影响了国家的经济和人民的生命健康。烟叶安全性越来越成为公众关心的话题，烟能否实现无公害、突破国际贸易中的贸易壁垒，实现烟草行业的可持续发展，成为烟草行业稳定发展的重中之重。自从国家烟草专卖局提出"严格控制，适度从紧"的烟叶方针以来，烟叶出口有了一定的提高，但相比世界四大烟草公司，中国的烟叶出口量还有待于进一步的增加（邵健，2011）。自20世纪中后期，随着烟草不断推进国际化和烟草上农药使用种类的不断增加，农药残留问题越来严重，国际组织近来对烟草上的99种农药提出了指导性残留限量（GRLs）（Mayer-Helmetal，2008），因此，烟草作为国际经济作物和国民经济中特殊的组成部分，提高烟叶品质，实现烟叶多元化，可持续性发展，成为亟待解决的问题。

二、烟草除草剂药害国内外研究进展

烟草是我国重要的经济作物，在南北方均有种植。湖南省湘南、湘东、湘中烟区主要采用烟—稻轮作的种植制度，自20世纪70年代实行稻田改制以来，烟—稻轮作的面积逐步扩大，极大地提高了农业生产效益。但近年来，除草剂药害问题凸显，严重影响烟叶和水稻的产量和质量。

烟—稻轮作区杂草种类繁多，主要有马唐、狗尾草、千金子、稗、牛筋草、画眉草、看麦娘、早熟禾、狗牙根、莐草、雀舌草、繁缕、铁苋菜、苍耳、莎草、猪殃殃、鸭跖草、马齿苋、龙葵、藜、荠、苦荬菜、蒲公英、小旋花、香附子、蓼、小飞蓬等。烟田杂草可与烟草竞争水分、空间和营养，并可传播病虫害，尤其是南方烟区，在烟草生长季节，温度高降水量大，杂草的生长和为害成为烟草生产中的突出问题，影响了烟叶的产量和质量。生产中杂草防除方法主要有农业防治、覆盖薄膜、化学除草等，其中化学除草省时、省力，是当前各烟区普遍采用的一种方法，它能把杂草连根彻底消灭，并能在土壤中保持一段较长时间，继续发挥药效，不让杂草滋生，不但可节省大量劳动力，增产增收，并且有利于农业机械化的发展和耕作栽培技术的革新。但目前国内在烟草上登记的除草剂种类并不多，且部分除草剂安全性较差，易对烟株产生药害，而安全性好的除草剂又大多存在除草效果较差、持效期较短等问题，使得除草剂的使用处于面临两难的尴尬境地。

在烟—稻轮作区，随着除草剂用量增大，特别是种粮大户对强效高残留除草剂用量的增大，近年有逐渐扩大趋势，应当引起高度重视。以对水稻较安全的二氯喹啉酸类除草剂为例，它主要用于水稻秧田、直播田和移栽田防除稗草和其他类型的杂草，水稻生长期使用该类除草剂对后茬烟草将会产生烟叶畸形生长现象，对其他植物种类如茄科、伞形花科、锦葵科、豆科、菊科、旋花科植物也容易产生药害，并且该除草剂在土壤中有积累作用，因此施用二氯喹啉酸的田块里，1~2年内不宜种植甜菜、茄子、烟草、番茄、胡萝卜等作物。二甲四氯、磺酰脲类除草剂的使用对后茬烟株生长也会产生明显的药害。此外，部分烟—稻轮作区大面积使用高活性、长残效除草剂，使得除草剂在土壤中得以积累，在轮作田中对后茬烟草易造成严重药害。同时烟田附近作物喷施除草剂不当，造成药剂漂移也会给烟田耕作系统和生态环境造成损失和隐患。不容忽视的是，由于烟田环境条件的千变万化，也极大地影响除草剂药效的正常发挥。烟田除草剂的不当使用也会对水稻等后茬作物产生药害。有研究表明，乙草胺、丁草胺、二氯喹啉酸等除草剂过量会抑制水稻株高、导致叶片畸形、降低稻谷产量，而这些除草剂在烟草生产过程中也常常被使用。虽然烟草和水稻各自使用的除草剂对对方都有不利影响，但烟草对除草剂更为敏感，所以，在生产实践中，稻田施用的除草剂对后茬烟草产生药害的现象更为多见。

除草剂的大量持续施用，对烟—稻轮作区土壤环境形成污染，严重时不但影响土壤肥力和降低农产品品质，而且会造成地下水甚至饮用水的污染，直接为害人类健康，因此，除草剂对土壤的污染日益引起学术界和公众的关注。除草剂施于土壤中，一般通过物理、化学与生物学过程而消失。对于长残留除草剂而言，物理过程是次要因素，微生物降解与化学水解是其主要降解途径。大量研究证明，自然环境中存在的多种微生物在农药降解方面起着重要作用。随着生物技术的迅猛发展，应用微生物进行生物修复已成为环境修复的一个重要内容。生物修复技术主要是利用生物有机体，尤其是微生物的降解作用将污染物分解并最终去除，它具有快速、安全、费用低廉的优点，因此被称为环境友好替代技术。

研究除草剂在土壤中的微生物降解，对于环境保护以及除草剂使用都有重大意义。在生产中了解除草剂的降解速度和半衰期，有利于合理轮作，避免除草剂残留毒性对后茬作物的伤害。分析施药当年的降雨与气候条件，判断长残效除草剂的降解速度，以确定后茬作物种类。而其中最深远的意义在于通过生物修复技术，向污染土壤中投入能够降解除草剂的微生物，进而解决长残留除草剂的为害。除草剂污染土壤的生物修复已成为国内外研究的热点。迄今为止，研究人员已从土壤、污泥、污水、天然水体中分离到降解不同农药的活性微生物。Audus最早报道了美国的中西部农场连续施用2，4-D类除草剂，出现了分解速度逐年加快，持效期变短的现象，当时被称为"有问题的土壤"现象。经研究证明，是由于土壤微生物对该种除草剂的降解作用造成了这种现象，从此人们开始了微生物降解农药的研究。Joshi报道，在纯培养中，土壤微生物能够有效地降解氯磺隆，其中放线菌 *Streptomyces griseolus* 在48h内大约降解了施入的^{14}C-氯磺隆总量的 60%，此外真菌 *Asperigillus niger* 与 *Penicillium* sp. 也能降解氯磺隆。至今农药的微生物降解已取得了很大进展，表现在降解农药的微生物种类不断被发现，降解机理日趋深入，降解效果稳定提高等方面。

研究除草剂在烟—稻轮作区土壤中的迁移和降解行为，掌握其进入土壤后的归趋，就有可能通过强化或控制其某些过程，避免或减小其为害，这对于防治土壤除草剂污染具有非常积极的意义。湖南省烟草公司曾对湖南省烟—稻轮作区主要除草剂的组成、发生情况、污染土壤对后茬作物的影响程度进行探讨，并在不同性质的水稻土和烟田中施用几种有代表性的除草剂，然后通过添加外源有机、无机营养物质，依靠土壤自然微生物活性的提高而快速修复除草剂污染土壤，或者分离富集高效降解菌株，接种修复污染土壤。这些工作的完成对提高烟—稻轮作区土壤和水环境的质量，保证农副产品的安全，实现农业可持续发展等有着重要的理论和现实意义。

三、烟草上主要使用的除草剂种类

一直以来，中国烟草总公司对烟草用除草剂的使用非常慎重，烟草本身是对除草剂敏感的作物，中国烟草总公司每年对烟用除草剂的使用都做了详细的规定，以下是一些可以在烟草上使用的一些除草剂（表 5-2）。

表 5-2　可在烟草上使用的除草剂

产品名称	防治对象	常用量	最高用量	施药方法	最多使用次数	安全间隔期（天）
25%砜嘧磺隆水分散粒剂	一年生杂草	5g/亩	10g/亩	定向喷雾	1	15
50%敌草胺可湿性粉剂	一年生杂草	南方：100 g/亩；北方：150g/亩	南方：200 g/亩；北方：250g/亩	喷雾	1	15
50%敌草胺水分散粒剂	一年生禾本科杂草及部分阔叶杂草	200g/亩	266g/亩	喷雾	1	15
50%敌草胺水分散粒剂	一年生杂草	200g/亩	266g/亩	喷雾	1	15
50%敌草胺水分散粒剂	一年生禾本科杂草及部分阔叶杂草	200g/亩	266g/亩	喷雾	1	15
50%敌草胺可湿性粉剂	一年生杂草	200g/亩	266g/亩	喷雾	1	15
50%敌草胺水分散粒剂	一年生禾本科杂草	200g/亩	150g/亩	土壤喷雾	1	15
72%异丙甲草胺乳油	一年生杂草	125g/亩	150g/亩	移栽前土表喷雾	1	15

（续表）

产品名称	防治对象	常用量	最高用量	施药方法	最多使用次数	安全间隔期（天）
40%仲灵·异噁松乳油	一年生杂草	175g/亩	200g/亩	移栽前土表喷雾	1	15
50%仲灵·异噁松乳油	一年生杂草	160g/亩	200g/亩	移栽前土表喷雾	1	15
450g/L二甲戊灵微囊悬浮剂	一年生禾本科杂草和阔叶杂草	140 ml/亩	150 ml/亩	移栽前土表喷雾	1	15

四、不宜在烟草和稻田使用的除草剂名录（表5-3）

表5-3　不宜在烟草和稻田使用的除草剂

序号	化学名	药害症状	对策
1 2 3 4 5 6 7	二氯喹啉酸 3，7-二氯-8-喹啉羧酸	对烟草：烤烟一般团棵期开始出现症状，叶缘反卷弯曲皱缩，烟株难于生长伸展 对水稻：秧苗期一般药害症状不明显，但移入本田后，陆续出现心叶纵卷，基部膨大，分蘖受抑制，稻株浓绿，根、叶生长缓慢，植株短小。本田药害植株基部叶失绿，叶片、叶鞘出现褐色斑，严重受害株茎、叶由绿转黄，逐渐枯死	1. 拌田起垄时散施石灰 2. 种植时增施有机肥，可以有效地吸附残留的除草剂 3. 生物降解 4. 发现症状时根外喷施云大-120，缓解除草剂解毒作用明显
8 9 10 11 12	二甲四氯-（钠盐） 2-甲基-4-氯苯氧乙酸-（钠）	对烟草：叶片皱折僵硬，中脉突出，叶尖和叶缘常常呈锯齿状；在生长中后期产生药害时将会导致产生带状叶，茎秆扭曲，中脉向下弯曲 对水稻：从低叶开始叶尖往里变白，药害部位与正常叶的过渡部分叶色暗绿，后期叶片出现丛叠，2~3个叶的叶距变近等奇型植株。植株萎缩，往往主茎的心叶先卷曲不展开，产生葱状，严重时分蘖茎也表现同样症状	1. 排毒。马上排掉田间的灌溉水，连续数次用新鲜水冲灌，或结合排水施入石灰等方法。对植株上的药害，可用喷灌机械水淋洗有毒植株的残物，减少粘在叶上的毒物。局部发生药害，应先放水冲洗和耕耘，然后对缺苗的地方补苗，再增施速效性化肥。中毒严重的地块应暴晒，淋洗后深翻，也可以预选栽种少量的敏感农作物，经10~15天观察，证明无药害时再种植其他作物 2. 加强田间管理。对烟草发生药害后，轻的可及时打顶或摘除受害部分，加强水肥管理，严重受害或毁苗的田块，应果断地进行翻耕，重新进行补种或改种 3. 应用植物生长调节剂促进生长。如使用赤霉素，就能减轻作物药害，一般喷洒浓度是10~40mg/L。同时，还可用农保元强力素、细胞分裂素、硕飞98丰产素等激活细胞，促进烟株生长，以减轻药害

（续表）

序号	化学名	药害症状	对策
13	1-1-二甲基-4-4-联吡啶阳离子盐 百草枯	快速灭生性除草剂，作物播种前施用百草枯，可杀死所有田间杂草 对烟草：叶片似烫伤，呈水渍状，以后出现白色枯斑，严重时茎叶全部焦枯	误施后无特效方法解除
14	N-（膦酰基甲基）甘氨酸，N-（膦酰基甲基）氨基乙酸 草甘膦	对烟草：初期叶片自上而下轻度萎蔫，生长缓慢，植株变矮小，类似枯萎病症状。严重时根系逐渐腐烂，整株死亡	1. 开沟降渍，提高土壤的透气性 2. 增施有机肥
15	2,4,6-三氯苯基-4′-硝基苯基醚 草枯醚	水稻播后苗前使用草枯醚、除草醚受害，出苗极少，叶黄化并畸形；若在移栽后使用受害，叶呈坏死状褐斑	1. 开沟降渍，提高土壤的透气性 2. 增施有机肥
16	乙草胺2-乙基-6甲基—N-乙氧基甲基-α-氯代乙酰替苯胺 禾耐斯	生长点死亡，减产甚至绝收	1. 开沟降渍，提高土壤的透气性 2. 增施有机肥

注：除快杀稗（二氯喹啉酸）外，其他除草剂，如氯嘧磺隆、赛克（甲草嗪、嗪草酮）、广灭灵、普施特、阔草清等，也均能对后茬作物烟草产生严重影响

五、除草剂药害的主要症状

除草剂的种类不同，对作物生产的药害症状不同，在不同作物上表现出的药害症状也不同。除草剂药害症状主要有以下几种。

（1）发育周期改变。作物种子出苗推迟，生长受抑。李晶新等（2010）采用不同质量浓度的二氯喹啉酸对烟草种子培养，进行种子萌发和生理指标测定。结果表明，随着二氯喹啉酸质量浓度的增高，烤烟种子的发芽势、发芽指数及活力指数均显著片边缘向叶背面翻卷皱缩，严重时出现线状叶型，下部叶基本正常；发生二氯喹啉酸药害的烟田，烟草畸形程度基本一致；若烟田休闲1年后，再种植烟草，畸形症状有所减轻。

（2）缺苗。由于播种或播后受到除草剂影响，种子酶的活性降低，生理活性迟缓，呼吸减弱，种子发芽缓慢，长时间在土壤中滞育，易造成烂种而缺苗断垄。

（3）颜色变化。整株或部分组织失绿、白化、黄化、斑点、叶缘或沿叶脉变褐、凋萎等。刘君良等（2011）研究部分玉米品种施用烟嘧磺隆后，几天后普遍出现褪绿黄斑症状，心叶部位的叶片出现透明化失绿症状。另有报道油菜田施用异噁草松容易引起油菜叶片白化症状（王勇等，2009）。

（4）形态异常。植株或组织器官异常，植株扭曲，叶、花、果、根畸形等。陈泽鹏等（2004）研究认为广东部分地区烟叶畸形是由二氯喹啉酸药害引起的。

（5）产量及品质受到影响。项裕昆（2011）研究结果表明苄嘧磺隆对烟叶产量有明显的影响，对烟叶品质也有一定的影响。

不同类除草剂在烟草上的药害症状不同，主要有以下几种。

1. 磺酰脲类除草剂药害症状

烟草受磺酰脲类除草剂药害后生长缓慢、植株矮化，有时叶片黄化或出现紫色或呈半透明条纹，新生叶片卷缩。烟草根系发育严重受阻，根尖老化坏死，根量减少，无根毛，侧根与主根短。一般受害后 3~5 天开始出现药害症状，到植株死亡需要持续较长时间（刘祥英等，2005；张玉聚等，2003；黄春艳等，2005）。

2. 酰胺类除草剂药害症状

酰胺类除草剂是目前生产中应用较为广泛的一类除草剂，但是这类除草剂对作物存在着隐性药害。酰胺类除草剂使用不当，烟草幼叶不能展开，烟叶粗糙、皱缩，叶尖到叶缘退绿卷曲，烟草生长受抑，烟株明显变矮，节距变密，部分药害随着生长可能恢复。浓度过高时使烟草叶片畸形，叶片发焦枯萎，有时茎叶枯褐死亡，导致生育进程缓慢。在烟草敏感期施用易中毒死亡（缪应江等，2001；张玉聚等，2000）。

3. 苯氧羧酸类和苯甲酸类除草剂药害症状

苯氧羧酸类和苯甲酸类除草剂因其高效、快速、广谱、低残留等特点而被广泛使用。这类除草剂对作物产生药害的容易受作物生育期、环境条件的影响。烟草等阔叶作物对该类药剂敏感，特别是 2, 4-滴丁酯，施药时下风口 500m 以内不宜有烟草等阔叶作物。该类药剂误用或飘移到烟田，会导致烟草药害，受害症状为烟叶颜色变暗，叶柄弯曲，叶片狭长下垂成带状，叶脉突出，叶尖和叶缘常成锯齿状且向下卷缩。通常，烟草前期较后期受害严重（张玉聚等，2001，2003）。

4. 有机磷类除草剂药害症状

有机磷类除草剂，如草甘膦若在烟草上误用后 5~7 天即产生药害，首先在新生叶上出现症状，叶色从叶片的基部到尖部逐渐从绿色变为浅黄色或白色。新长出的叶片狭窄，且叶缘向下卷。成熟期叶片脉间变成黄色或褐色，叶片的其他部分正常。坏死部分脱落后形成弹孔状，叶脉周围常常为绿色，而脉间则变为黄色。

5. 喹啉羧酸类除草剂药害症状

喹啉羧酸类除草剂常用代表二氯喹啉酸，也叫快杀稗、杀稗王等。二氯喹啉酸引起的药害最为严重，已引起许多学者关注（王静，2004；陈泽鹏，2007；宋稳成，2005；Moyer J. R. et al.，1999）。二氯喹啉酸对烟草的致畸症状较明显，主要发生在烟稻轮作地区，且呈整田大片发生；烟苗受害症状首先在新叶上出现畸形，叶片变窄变厚，不能伸展，叶宽抑制率在 60% 以上，叶片边缘向叶背面翻卷皱缩，严重时出现线状叶型，下部叶基本正常；发生二氯喹啉酸药害的烟田，烟草畸形程度基本一致；若烟田休闲 1 年后，再种植烟草，畸形症状有所减轻。王静（2004）通过在烟草水培液中添加二氯喹啉酸研究其对烟苗生长的影响，结果表明，在 0.0005～5mg/L 浓度范围内，烟苗的根短、茎长、鲜重轻，根长和地上部鲜重明显受到抑制；在浓度 5mg/L 时，畸形苗率达 35%。陈泽鹏等（2004）从植物病理、农药残留和植物生理等方面入手，对广东省部分地区出现烟叶畸形生长的原因进行了分析。通过模拟试验，发现前茬水稻施用二氯喹啉酸是造成该地区烟叶畸形生长的最主要因子。

六、湖南烟稻轮作区除草剂药害情况

2011 年至 2013 年连续 3 年，我们对湖南省的郴州、永州、衡阳、长沙、株洲等烟稻轮作区进行了烟田除草剂药害情况调查，调查统计情况见表 5-4。

表 5-4　2011—2013 年度湖南烟稻轮作区除草剂药害统计

地区	年度（年）	烟草种植面积（万亩）	严重药害面积（万亩）	经济损失（万元）	中度药害面积（万亩）	经济损失（万元）	轻度药害面积（万亩）	经济损失（万元）	药害合计面积（万亩）	药害经济损失合计（万元）	药害面积占种植面积百分比（%）
郴州	2009	28.39	0.53	715.50	1.32	660.00	2.89	346.80	4.74	1 722.30	16.70
	2010	24.53	0.47	681.50	1.86	1 023.00	2.37	308.10	4.70	2 012.60	19.16
	2011	34.98	0.96	1 440.00	2.27	1 362.00	3.62	543.00	6.85	3 345.00	19.58
永州	2009	19.60	0.03	47.21	0.04	27.92	0.06	12.73	0.13	87.86	0.66
	2010	15.48	0.05	77.20	0.07	39.06	0.07	13.06	0.19	129.32	1.23
	2011	21.85	0.06	143.42	0.11	100.13	0.11	32.71	0.28	276.26	1.28
衡阳	2009	9.80	0.04	86.00	0.06	70.80	0.14	60.55	0.24	217.35	2.45
	2010	9.50	0.05	130.40	0.08	88.12	0.15	72.72	0.28	291.24	2.95
	2011	10.30	0.13	259.22	0.20	194.10	0.32	144.79	0.65	598.11	6.31
长沙	2011	15.06	0.30	641.73	0.18	228.76	0.21	110.65	0.69	981.14	4.58
株洲	2011	2.19	0.08	120.51	—	—	0.07	36.55	0.15	157.06	6.85
合计	2009	57.79	0.60	848.71	1.42	758.72	3.09	420.08	5.11	2 027.51	8.84
	2010	49.51	0.57	889.10	2.01	1 150.18	2.59	393.88	5.17	2 433.16	10.44
	2011	84.38	1.53	2 604.88	2.76	1 884.99	4.33	867.70	8.62	5 357.57	10.22

由表 5-4 可知，2011 年所调查的烟叶产区发生除草剂药害面积约 5.11 万亩，占发生药害产区种植面积的 8.84%，全年经济损失约 2 027.51 万元；2012 年发生除草剂药害面积约 5.17 万亩，占种植面积的 10.44%，经济损失达 2 433.16 万元；2013 年药害面积上升至 8.62 万亩，占种植面积的 10.22%，经济损失达 5 357.57 万元。调查结果表明，除草剂药害主要发生在湖南的郴州、永州、衡阳、长沙、株洲等烟稻轮作区，主要原因是前茬作物水稻施用杀稗灵、杀稗砜、杀稗王、稗草亡、快杀稗、金稗等含二氯喹

啉酸的除草剂杀除稗草所致。

烤烟发生除草剂药害的症状为：叶尖和叶缘向下卷曲，叶色浓绿，叶片加厚，生长点受到抑制，烤后烟叶质量差。水稻生产上也有零星的二氯喹啉酸药害发生，受害严重的秧苗心叶卷曲成葱管状直立，移栽到大田后一般均枯死；若成活，所形成的分蘖也是畸形的，有的甚至整丛稻株枯死；药害轻的秧苗，茎基部膨大，变硬，变脆，心叶变窄并扭曲成畸形。

随着除草剂的大面积应用，烟田除草剂药害面积逐年加大，经济损失越来越严重。除草剂的为害不止表现在对烤烟和水稻等作物生产的影响，对周围环境和人体健康也产生重大影响，必须引起有关部门的高度重视。

七、除草剂药害原因调查

通过调查研究发现，产生除草剂药害的原因主要有以下几种情况。

（1）有少部分烟农没有购买在烟草上推荐使用的除草剂品种，盲目使用除草剂造成部分烟株产生药害。

（2）绝大部分除草剂药害现象产生的原因是水稻田除草剂残留所致，特别是种粮大户盲目使用除草剂，经取样分析，烟田残留的除草剂主要是烟农普遍使用的快杀稗、稗草亡、神锄（主要化学成分为二氯喹啉酸）等除草剂，含二氯喹啉酸的除草剂对烟草生长有很大的影响。二氯喹啉酸属激素型喹啉羧酸类除草剂，在土壤中残留量较大、残留时间长，根据研究表明，在稻田使用一次二氯喹啉酸后种植烟草的安全间隔期为342天。二氯喹啉酸对后茬作物极易产生药害，特别是茄科、伞形花科、豆科等作物对该药敏感。

（3）部分烟农误用除草剂造成了烟株除草剂药害，如部分烟农误将抑芽剂当做除草剂使用。除草剂具有很强的专一性，其防治对象有一定的范围，一旦用错就会产生药害。

（4）用药时间不当，同时随意加大用药量。除草剂的使用量是有规定的，任意加大用药量也会造成药害。

（5）药械清洗不彻底。用过除草剂的喷雾器，没经彻底清洗，又在烟草上喷杀虫剂或其他药剂，往往致使发生"二次药害"。

八、除草剂药害预防措施及对策

控制除草剂药害，源头在生产，管理是关键。为避免使用除草剂对湖南省粮食、烤烟产业的影响，建议政府部门进一步规范烟—稻轮作区除草剂的使用。

1. 烟—稻轮作区严禁使用的除草剂种类

制定相关文件，禁止烟农使用国家明令禁止的高剧毒、高残留农药，在烤烟种植规划区域的晚稻田中严禁使用含二氯喹啉酸的除草剂。

2. 烟—稻轮作区推荐使用的除草剂种类

经研究证明，防治水稻田稗草的药剂稻杰（五氟磺草胺）、双草醚、驰原（有效成分为苄嘧磺隆、二甲戊灵）等，对稗草防效显著，同时可避免含二氯喹啉酸、二甲四氯等除草剂对后茬作物残留毒性的问题，在水稻田中可应用这些除草剂防治稗草，但需严格控制用量，严格控制农药安全间隔期。

3. 加大宣传力度、引起有关部门重视

请相关部门把含二氯喹啉酸、二甲四氯的除草剂对烤烟的为害及时向当地政府汇报，务必高度重视晚稻残留除草剂对烤烟生产的威胁，请农业部门加大宣传，让烟农家喻户晓。加大政策法规的宣传，严禁毒性强、残留期长的除草剂在烟草生产中的使用，对市面上不合格的假冒伪劣、毒性强、残留期长的除草剂应加大执法力度，从源头上减少除草剂对烟草生产的影响。

第三节　除草剂对烟草产生药害图谱

烟草作为对除草剂较为敏感的一类作物，除草剂药害现象在烟草生产过程中时有发生，给烟叶生产带来较大影响。本节通过室内盆栽试验和大田试验研究了几种湖南烟区常用除草剂对烟草生长的影响，明确了其对烟草产生药害的典型症状，为烟草安全生产提供理论依据。

一、几种在稻田残留除草剂对烟草产生药害图谱

1. 二氯喹啉酸

（1）简介。二氯喹啉酸是防除稻田稗草的特效选择性除草剂，属激素型喹啉羧酸类除草剂，杂草中毒症状与生长素类作用相似，主要用于防治稗草且适用期很长，1~7叶期均有效。水稻安全性好。

英文通用名：quinclorac

CAS：84087-01-4

化学名称：3，7-二氯-8-喹啉羧酸

结构式：

二氯喹啉酸

其他名称：快杀稗、杀稗净、克稗星、稗宝、Facet、BAS-51406-H

性质：无色结晶。熔点274℃。蒸气压<0.01mPa（20℃）。20℃时的溶解性：水0.065mg/kg（pH值7），溶于丙酮、乙醇、乙酸乙酯。

毒性：属低毒除草剂。大鼠急性经口 LD_{50} 2 680mg/kg，大鼠经性经皮 LD_{50} >2 000 mg/kg。急性吸入 LC_{50}（4h）>5.2mg/L，对鱼、蜜蜂无毒。

剂型 25%、50%、75%可湿性粉剂。50%可溶性粉剂，50%水分散性粒剂，25%、30%悬浮剂，25%泡腾粒剂。

在土壤中的残留主要通过光解和土壤中微生物的降解。

适用范围：主要用于稻田防稗草。也可防治雨久花、田菁、水芹、鸭舌草、皂角。

（2）水稻发生药害症状。二氯喹啉酸对水稻产生药害的典型症状是禾苗出现葱心苗（心叶纵卷并愈合成葱管状，叶尖部多能展开），叶色较正常；新生叶片因上部组织愈合而无法抽出，剥开茎秆，可见新叶内卷。受害严重的秧苗心叶卷曲成葱管状直立，移栽到大田后一般均枯死；若能成活，所形成的分蘖苗也是畸形的，有的甚至整丛稻株枯死。药害轻的秧苗，茎基部膨大、变硬、变脆，心叶变窄并扭曲成畸形，但移栽到大田后长出的分蘖苗仍正常生长。药害症状一般在施药后 10~15 天出现（图 5-1）。

对此类受害田块，首要是及时搁田，促进根系生长。通过搁田，偏干管理，增加土壤中的氧气，有利于水稻根系生长和稻株生长恢复。另外，使用植物生长调节剂和赤霉素等一些促进稻株生长的植物生长调节剂，促进稻株叶片恢复正常生长。其中赤霉素用量不能过大，每次纯药亩用量不宜超过 0.2g，否则极易引起水稻稻株蹿高、叶片徒长。

（3）烟草发生药害症。有资料表明，二氯喹啉酸在土壤中有积累作用，对烟草生产会产生明显的药害。症状为新叶先出现不正常生长，叶缘下卷，叶片向背皱缩，致使叶片狭长，严重者呈线状，严重影响烟草的产量和质量，烟叶畸形程度与使用剂量关系明显。苗期 1 倍正常使用浓度即可发生药害症状。二氯喹啉酸对烟草的致畸症状较明显，主要发生在烟稻轮作地区，且呈整田大片发生；烟苗受害症状首先在新叶上出现畸形，叶片变窄变厚，不能伸展，叶宽抑制率在 60%以上，叶片边缘向叶背面翻卷皱缩，严重时出现线状叶型，下部叶基本正常；发生二氯喹啉酸药害的烟田，烟草畸形程度基本一致（图 5-2 至图 5-13）。

前茬水稻田推荐浓度 50%二氯喹啉酸可湿性粉剂 50g/亩。当季烟草种植禁止使用。

（4）市面上常见的二氯喹啉酸及其复配剂包装（图 5-14）。

（5）烟草二氯喹啉酸药害缓解措施。

①缓解药害方法，喷施叶面营养剂。烟草发生除草剂药害表现为抑制生长，营养不良。要选用功能性植物营养剂，它们含有植物化感物质、矿物质、酶类等物质，其中化感物质与作物有亲和性，使用适量，作物能自身调节，对作物安全。使用功能性植物营养剂如天然赤霉素、吲哚乙酸、芸薹素内酯等有明显的缓解效果。本课题组根据近几年郴州试验筛选出一组效果较好的除草剂修复药剂组合：每亩使用施嘉乐（济南仕邦）20ml+风行微生物肥料 50ml 对水 15L 叶面喷施发现药害后烟叶，每隔 10 天喷施 1 次，共喷施 3 次（图 5-15 至图 5-17）。

②加强农事管理，灌水、排水、松土，以促进烟草的生长，加速除草剂的降解，对前茬水稻产生的残留药害，可以采取深耕翻田，比一般的犁田深度增加 15~20cm，然后采取干湿交替的方式晒田，加速除草剂降解。对于发现有除草剂残留，还可以采取在晚稻收割后种植绿肥的方式降低除草剂残留。

③灌水施肥。连续用新鲜水对烟叶根部进行冲灌，以泥土完全湿润不能再纳水为标准，而后等水分蒸发一部分后再追肥，用烟草专用复合肥 25kg/亩对水浇施，不可与烟

株直接接触。每隔一周左右施用 1 次，连续施用 2 次。

④喷施植物生长调节剂。"赤霉素" 2g/亩（对水 50kg），均匀对植株进行全株喷雾，重点是烟草的变形叶片，若畸形叶发生量不是很多，在喷雾前将严重畸形叶片的先平展再施药，每周一次，直到症状缓解为止。"碧护" 3g/亩叶面喷雾，其余步骤如上步。当作物出现药害需要解除时，使用"奈安" 40g/亩对水 15kg，采取整袋二次稀释法叶面喷雾或灌根。

⑤"活性炭"可有效地缓解二氯喹啉酸对烟草的致畸作用。活性炭为吸附剂，它可吸附土壤中的二氯喹啉酸。采用活性炭直接施入土壤表层，形成保护带，可防止二氯喹啉酸对烟草的伤害，施用活性炭（50kg/亩）为一种有效的减缓二氯喹啉酸和其他除草剂引起的药害的方法。

2. 二甲四氯药害症状

（1）简介。

中文名称：二甲四氯；2-甲基-4-氯苯氧乙酸。

英文名称：Chipton；MCPA；2-M-4-X；2-methyl-4-chlorophenoxy acetic acid

二甲四氯为苯氧乙酸类选择性内吸传导激素型除草剂，可以破坏双子叶植物的输导组织，使生长发育受到干扰，茎叶扭曲，茎基部膨大变粗或者开裂。

CA 号：94-74-6

RTECS 编号：AG1575000

UN 编号：2765

二甲四氯结构式：

二甲四氯为苯氧乙酸类选择性内吸传导激素型除草剂，可以破坏双子叶植物的输导组织，使生长发育受到干扰，茎叶扭曲，茎基部膨大变粗或者开裂。挥发性、作用速度比 2，4-D 低且慢，二甲四氯对禾本科植物的幼苗期很敏感，3~4 叶期后抗性逐渐增强，分蘖末期最强，而幼穗分化期敏感性又上升。在气温低于 18℃时效果明显变差，对未出土的杂草效果不好。通常用量每亩 30~60g（有效成分）。严禁用于双子叶作物！

常用剂型有 13%、56% 可湿性粉剂。

小麦：小麦分蘖期至拔节前，每亩用 20% 二甲四氯水剂 150~200ml，对水 40~50kg 喷雾，可防除大部分一年生阔叶杂草。

水稻：水稻栽插半月后，每亩用 20% 水剂 200~250ml，对水 50kg 喷雾，可防除大部分莎草科杂草及阔叶杂草。

玉米：玉米播后苗前，每亩用 20% 水剂 100ml 进行土壤处理，也可在玉米 4~5 叶期，每亩用 20% 水剂 200ml，对水 40kg 喷雾，防除玉米田莎草及阔叶杂草。在玉米生长期，每亩用 20% 水剂 300~400ml 定向喷雾，对生长较大的莎草也有很好的防除作用。

河道清障：除灭河道水葫芦宜在防汛前期的 5—6 月日最低气温在 15℃ 以上时进行，对株高在 30cm 以下的水葫芦，可选晴天每亩用 20% 二甲四氯水剂 750ml 加皂粉 100~200g，或用 20% 二甲四氯水剂 500ml 加 10% 草甘膦水剂 1 000ml 加皂粉 100~200g，对水 75kg 喷雾；对株高 30cm 以上的水葫芦，采用上述除草剂对水 100kg 喷雾。喷施上述除草剂后气温越高水葫芦死亡越快，死亡率越高，气温越低效果越差。一般于施药后 15~20 天即全株枯死。

（2）二甲四氯及其钠盐对水稻的药害。水稻出现叶黄以及株高、分蘖受抑制等症状（图 5-18）。水稻通常用量每亩 30g（有效成分），本书所述正常浓度为每亩 30g（有效成分），前茬水稻喷施。

（3）烟草发生药害症状。

烟草由于使用二甲四氯不当引起的药害症状如下：大田烟株生长前期引起的药害症状为叶片皱折僵硬，中脉突出，叶尖和叶缘常常呈锯齿状；在生长中后期产生药害时将会导致产生带状叶，茎秆扭曲，中脉向下弯曲（图 5-19 至图 5-31）。

（4）市面上常见的二甲四氯钠盐包装。除以上几种包装外，还有一些含 2 甲 4 氯钠的复配剂，尽可能也要避免使用（图 5-32）。

（5）二甲四氯药害缓解方法。二甲四氯药害，应及时施速效氮肥，促进生长，喷洒激素和叶面肥可缓解药害，也可喷洒赤霉素，从而减轻药害。

复硝酚钠（1.4% 20ml/亩）+海藻素（5~20g/亩）+米醋（5%）+白糖（5%）叶面喷施 3 次，7 天为一周期，严重时采用根外追肥来补救，可叶面喷施 2% 尿素或 0.3% 磷酸二氢钾。

用碧护加叶面肥，药害早期进行使用。

0.004% 芸薹素内酯 1 000 倍+尿素 300 倍+叶面微肥，间隔 5~7 天叶面喷施 0.004% 芸薹素内酯 1 500 倍+磷酸二氢钾 150 倍。

3. 2，4-滴丁酯

（1）简介。

别名：（2，4-二氯苯氧基）乙酸；2，4-D 酸；2，4-二氯苯氧乙酸；2，4-滴；2，4-二氯苯氧基乙酸；2，4-二氯苯氧基乙酸/2，4-滴；2，4 二氯苯氧基乙酸

结构式：

物理化学性质：

沸点：160℃

密度：1.563

白色菱形结晶，能溶于醇、醚、酮等大多数有机溶剂，几乎不溶于水。

在 500μg/ml 以上高浓度时用于茎叶处理，可在麦、稻、玉米、甘蔗等作物田中防除藜、苋等阔叶杂草及萌芽期禾本科杂草。内吸性。可从根、茎、叶进入植物体内，降解缓慢，故可积累一定浓度，从而干扰植物体内激素平衡，破坏核酸与蛋白质代谢，促进或抑制某些器官生长，使杂草茎叶扭曲、茎基变粗、肿裂等。禾本科作物在其 4~5 叶期具有较强耐性，是喷药的适期。有时也用于玉米播后苗前的土壤处理，以防除多种单子叶、双子叶杂草。与阿特拉津、扑草净等除草剂混用，或与硫酸铵等酸性肥料混用，可以增加杀草效果。在温度 20~28℃ 时，药效随温度上升而提高，低于 20℃ 则药效降低。2，4-D 丁酯在气温高时挥发量大，易扩散飘移，为害邻近双子叶作物和树木，须谨慎使用。2，4-D 吸附性强，用过的喷雾器必须充分洗净，以免棉花、蔬菜等敏感作物受其残留微量药剂为害。但对人畜安全。自 2016 年 9 月 7 日起，不再受理、批准2，4-滴丁酯的登记申请，目前市面该产品已停止使用。

（2）在水稻不当使用过量引起的药害症状（图 5-33）。

（3）在烟草上使用不当引起的药害症状（图 5-34）。

（4）市面上常见的 2，4-D 产品（图 5-35）。

（5）补救措施。

①施肥补救。当水稻叶片上出现药斑、叶缘枯焦或植株黄化症状时，应保持田间浅水，增施肥料，以快速补充水稻所需的营养，恢复生长。

②排灌补救。烟草误喷除草剂，发现后立即对烟草苗喷清水，降低药害浓度。然后施用少量经腐熟的有机肥与喷施叶面营养剂，促进恢复生长。

③激素补救。烟草受 2，4-D 药害后，可立即喷赤霉素或天然芸薹素进行补救，并在每桶水中按规定加入一定数量的 885 助剂，可有效缓解药害。

4. 毒莠定

（1）简介。

中文通用名：毒莠定 氨氯吡啶酸 Grazon

产品类别：除草剂

化学名称：4-氨基-3，5，6-三氯吡啶-2-酸

结构式：

理化特性：外观：无色粉末，有氯气味，溶化 215℃，蒸汽压 0.082mPa（35℃）。

溶解度：水中 430mg/L；丙酮中 19.8g/L。50℃条件下稳定期 28 天，土壤中半衰期 30~330 天。在高温下对低碳钢有轻微腐蚀，对其他金属无腐蚀。

制剂与厂家：25%水剂（美国陶氏益农公司），原药含量：92%min、94%min 绵阳利尔化学。

除草特点：激素型除草剂。可被植物叶片、根和茎部吸收传导。能够快速向生长点传导，引起植物上部畸形、枯萎、脱叶、坏死，木质部导管受堵变色，最终导致死亡。作用机制是抑制线粒体系统呼吸作用、核酸代谢。大多数禾本科植物是耐药的，大多数双子叶作物（十字花科除外）、杂草、灌木敏感。在土壤中较为稳定，半衰期 1~12 个月。高温高湿衰解快。

使用技术：

①麦田，杂草苗期用有效成分 8~15g/亩，对水 15~30kg，喷雾，对小麦有矮化作用，一般不影响产量。

②玉米，在玉米 7~23cm 高时，进行叶面喷雾处理，用有效成分 22.5g/亩，对水 15~20kg 喷雾。

③林地，杂草和灌木早期生长旺盛时叶面喷雾。

注意事项：光照和高温有利于药效发挥。豆类、葡萄、棉花、烟草、蔬菜、果树、甜菜对药剂敏感，防治喷雾时漂移。注意残效期，合理轮作倒茬。施药后 2h 遇雨，会降低药效。

（2）在烟草上使用不当引起的药害症状。烟草如受到毒莠定药害时，烟草幼小叶片上常常出现皱折，叶缘和叶尖向下卷曲，呈现出鹦鹉嘴或眼镜蛇头样的外观。在叶片的末端常常突出一个小的尖头。叶缘不像在 2，4-D 药害中常见的锯齿形。严重的药害的特征是幼小叶片呈带状、短而粗硬。芽叶常常短而粗硬且叶尖变圆（图 5-36 至图 5-39）。

（3）市面上常见的毒莠定产品（图 5-40）。

（4）补救措施。在实际农事操作过程中，毒莠定是禁止在烟草上使用，对于由于误使用的情况，可采用以下措施补救。

①喷灌补救。烟草误喷除草剂，发现后立即对烟草苗喷清水，降低药害浓度。然后施用少量经腐熟的有机肥与喷施叶面营养剂，促进恢复生长。

②激素补救。烟草受 2，4-D 药害后，可立即喷赤霉素或天然芸薹素进行补救，并在每桶水中按规定加入一定数量的 885 助剂，可适当缓解药害。

二、几种烟草芽前除草剂

1. 草甘膦

（1）简介。草甘膦是由美国孟山都公司开发的除草剂。又称：镇草宁、农达（Roundup）、草干膦、膦甘酸。纯品为非挥发性白色固体，比重为 0.5，大约在 230℃左右熔化，并伴随分解。25℃时在水中的溶解度为 1.2%，不溶于一般有机溶剂，其异丙胺盐完全溶解于水。不可燃、不爆炸，常温贮存稳定。对中碳钢、镀锡铁皮（马口铁）有腐蚀作用。

草甘膦是一种非选择性、无残留灭生性除草剂，对多年生根杂草非常有效，广泛用于橡胶、桑、茶、果园及甘蔗地。烟草种植操作一般是在移栽前10天全田垄面喷施。草甘膦主要抑制植物体内的烯醇丙酮基莽草素磷酸合成酶，从而抑制莽草素向苯丙氨酸、酪氨酸及色氨酸的转化，使蛋白质合成受到干扰，导致植物死亡。

使用草甘膦注意事项：

①草甘膦为灭生性除草剂，施药时切忌污染作物，以免造成药害。

②对多年生恶性杂草，如白茅、香附子等，在第一次用药后1个月再施1次药，才能达到理想防治效果。

③在药液中加适量柴油或洗衣粉，可提高药效。

④在晴天，高温时用药效果好，喷药后4~6h内遇雨应补喷。

⑤草甘膦具有酸性，贮存与使用时应尽量用塑料容器。

⑥喷药器具要反复清洗干净。

⑦包装破损时，高湿度下可能会返潮结块，低温贮存时也会有结晶析出，用时应充分摇动容器，使结晶溶解，以保证药效。

⑧为内吸传导型灭生性除草剂，施药时注意防止药雾飘移到非目标植物上造成药害。

⑨易与钙、镁、铝等离子络合失去活性，稀释农药时应使用清洁的软水，兑入泥水或脏水时会降低药效。

⑩施药后3天内请勿割草、放牧和翻地。

（2）草甘膦不当使用对水稻产生的药害症状。大风天最好不用，防止飘移为害。稻田发生草甘膦药害，必须立即采取补救措施，一般在分蘖盛期、幼穗分化初期受药害后补救效果较好，到孕穗期尤其是在孕穗后期受药害，补救效果不佳（图5-41）。

（3）直接喷在烟株上产生的药害。施用后5~7天产生药害，首先在新生叶片上出现症状，叶片变成浅黄色，从叶片的基部到尖部叶色从绿色渐变为浅黄色或白色。新长出的叶片变狭窄，且叶缘下卷。成熟叶片上的症状表现为脉间变黄色或褐色，叶片的其他部分正常。坏死部分将脱落后形成弹孔形，叶脉周围常常为绿色，而脉间则变为黄色（图5-42）。

（4）喷施在土壤上，芽前除草剂使用。

土壤喷施正常浓度，41%草甘膦水剂，美国孟山都公司生产，4 500ml/hm²（推荐用量）；移栽前10天全田喷施。

从图5-43至图5-47可以看出，土壤喷施不同浓度的草甘膦对烟株的生长有较强的抑制作用，草甘膦正常使用浓度、2倍浓度时，药害不明显，4被浓度药害明显，新长出的叶片变狭窄，且叶缘下卷。随着烟株生育期的增加，草甘膦药害逐步减轻，到旺长期，基本恢复正常生长。

（5）补救措施。

水稻

①泥水浇洗。因草甘膦遇泥土后即很快失去活性，可将稻田水搅成泥浆，用泥水淋洗稻株，减轻药害。

②大水洗苗。地势较低的稻田，错用草甘膦后可立即灌入大水漫过稻株顶尖，反复排灌几次，用浑水灌洗更好，此法能基本避免损失。

③喷赤霉素，促进幼穗生长发育。可每亩用赤霉素粉剂 1g，先加少量酒精溶解，再加水 50~60kg 喷雾。喷施赤霉素时，可以在药液中每亩加入磷酸二氢钾 100~120g 或叶面宝 1 支（5ml），7 天后每亩大田追施尿素 5~7.5kg，以促进水稻的灾后转化。

烟草

对烟草而言，如草甘膦不当使用，直接喷施在叶片上，整个烟株基本无可用性，如移栽前喷施在土壤上，由于喷施浓度过大或者移栽间隔时间较短而导致的苗期药害，可采取 施速效氮肥，促进生长，喷洒激素和叶面肥可缓解药害，也可喷洒赤霉素，从而减轻药害。

①复硝酚钠（1.4% 20ml/亩）+海藻素（5~20g/亩）+米醋（5%）+白糖（5%）叶面喷施 3 次，7 天为一周期，严重时采用根外追肥来补救，可叶面喷施 2% 尿素或0.3% 磷酸二氢钾。

②用碧护加叶面肥，药害早期进行使用。

③0.004% 芸薹素内酯 1 000 倍+尿素 300 倍+叶面微肥，间隔 5~7 天叶面喷施0.004% 芸薹素内酯 1 500 倍+磷酸二氢钾 150 倍。

2. 乙草胺

（1）简介。

英文通用名：Acetochlor

中文通用名：乙草胺

其他英文名：Hsrness

其他中文名：乙基乙草安，禾耐斯，消草安

化学名称：2，-乙基-6，-甲基-N-（乙氧甲基）-2-氯代乙酰替苯胺

分子式：$C_{14}H_{20}ClNO_2$

结构式：

乙草胺是一种广泛应用的除草剂。由美国孟山都公司于 1971 年开发成功，是目前世界上最重要的除草剂品种之一，也是目前我国使用量最大的除草剂之一。考虑到暴露在乙草胺每日摄取容许量以上对人体的潜在为害，以及地表水中乙草胺代谢物对人体的为害，现在还不能排除基因毒性的存在，欧盟委员会决定不予除草剂乙草胺再登记，已下令欧盟成员国在 2012 年 7 月 23 日取消其登记。现存库存的使用宽限期不能超过 12个月。

理化性质：乙草胺纯品为淡黄色液体，原药因含有杂质而呈现深红色。性质稳定，不易挥发和光解。不溶于水，易溶于有机溶剂。熔点 >0℃，蒸汽压 >133.3Pa，沸点 >200℃，不易挥发和光解。30℃ 时与水的相对密度为 1.11，在水中的溶解度微223mg/L。

常用剂型：990g/L 乙草胺乳油、900g/L 乙草胺乳油、50% 乙草胺乳油、50% 乙草胺微乳剂、50% 乙草胺水乳剂。

适用作物：玉米、棉花、豆类、花生、马铃薯、油菜、大蒜、烟草、向日葵、蓖麻、大葱等。

防除对象：一年生禾本科杂草和部分小粒种子的阔叶杂草。对马唐、狗尾草、牛筋草、稗草、千金子、看麦娘、野燕麦、早熟禾、硬草、画眉草等一年生禾本科杂草有特效，对藜科、苋科、蓼科、鸭跖草、牛繁缕、菟丝子等阔叶杂草也有一定的防效，但是效果比对禾本科杂草差，对多年生杂草无效。

（2）烟草发生药害症状。某些地方用乙草胺做芽前除草剂，土壤喷雾，正常用量为：乙草胺，900g/L 乳油，美国孟山都公司生产。

从图 5-48 至图 5-50 可以看出，土壤喷施不同浓度的乙草胺对烟株的生长有较强的抑制作用，使用乙草胺基本都会产生药害，正常浓度时，烟叶也有不同程度的变形，叶片发皱与病毒病（小叶病）相似，药害症状为：烟株生长及发新叶迟缓、第一叶片扭曲、畸形生长，矮化，生长受到严重抑制药害随乙草胺施用剂量增加而加重，在喷施相同剂量情况下，药害随土壤含水量增加而加重移栽 15 天左右，正好雨水充沛，烟株受乙草胺药害更加严重，4 倍浓度时，烟株苗僵，生长停滞（图 5-51 至图 5-54）。

（3）补救措施。

①苗期及时施速效氮肥，促进生长，喷洒激素和叶面肥可缓解药害，也可喷洒赤霉素，从而减轻药害。

②复硝酚钠（1.4% 20ml/亩）+海藻素（5~20g/亩）+米醋（5%）+白糖（5%）叶面喷施 3 次，7 天为一周期，严重时采用根外追肥来补救，可叶面喷施 2% 尿素或0.3% 磷酸二氢钾。

③用碧护加叶面肥，药害早期进行使用。

④0.004% 芸薹素内酯 1 000 倍+尿素 300 倍+叶面微肥，间隔 5~7 天叶面喷施0.004% 芸薹素内酯 1 500 倍+磷酸二氢钾 150 倍。

三、芽后除草剂试验

1. 宝成：25%砜嘧磺隆水分散粒剂

（1）简介。

中文名称：砜嘧磺隆

中文别名：N-｛［（4，6-二甲氧基-2-嘧啶基）氨基］羰基｝-3-（乙基磺酰基）-2-吡啶磺酰胺；玉嘧磺隆

英文名称：Rimsulfuron

CAS：122931-48-0

分子式：$C_{14}H_{17}N_5O_7S_2$

分子量：431.4441

结构式：

理化性质：纯品为白色结晶固体。熔点：176～178℃，蒸气压 1.5×10^{-6} Pa（25℃），25℃时水中溶解度<10mg/L，分配系数（正辛醇/水）0.034，pKa4.1。在中性土壤中稳定，在酸性或碱性土壤中易降解。土壤中半衰期为1.7～4.3天。水解半衰期为4.6天（pH值5）、7.2天（pH值7）、0.3天（pH值9）。

作用特点及杀草谱：用于防除玉米地中一年生或多年生禾本科及阔叶杂草，如田蓟、铁荸、香附子、皱叶酸模、阿拉伯高粱、野燕麦、止血马唐、稗草、多花黑麦草、苘麻、反枝苋、猪殃殃、虞美人、繁缕。对一年生杂草芽后早期使用尤佳，推荐用量5～15g有效成分/hm^2。用于玉米和马铃薯除草；对玉米安全，对春玉米最安全。砜嘧磺隆在玉米中的半衰期仅为6h，用推荐剂量的2～4倍处理时，玉米仍很安全。在玉米田按推荐剂量5～15g（a. i.）/hm^2［每亩0.33～1.09（a. i.）］。使用时，对后茬作物无不良影响，但甜玉米、爆裂玉米、黏玉米及制种田不宜使用。

剂型：20%可湿性粉剂、25%宝成水分散粒剂。

烟草上的应用：定向喷洒于烟田行间，有效防除一年生禾本科杂草及阔叶杂草，保障作物持续高产。杜邦™宝成®为烟田除草剂，可有效防除一年生禾本科杂草及阔叶杂草。对自生小麦、大麦、马唐、稗草、早熟禾、油菜、野生油菜、尼泊尔蓼、酸模叶蓼、铁苋菜、苋菜、辣子草等杂草效果好。

施药时期：在烟草移栽后，杂草基本出齐，草龄2～4叶期时，于烟草行间喷雾施药，效果最为显著。

施药方法：喷施时，应控制喷头高度及喷幅宽度，使药液正好覆盖在烟沟内，沿烟草行间均匀向前喷施，严禁将药液直接喷到烤烟心叶上。

用药量及对水量：

①每亩用药量 5g、对水量 30kg 清水（本品每袋 2.5g，建议对一喷桶水）

②为提高药效，在配好的药液中，可按每药桶（15kg）药液加入 30g 洗衣粉。

（2）烟草发生药害症状。

正常浓度 25%砜嘧磺隆水分散粒剂，美国杜邦公司生产，75g/hm²。

宝成在对烟田沟间喷雾处理时，按照正常的操作要求，不会对烟株产生药害，浓度为 1 倍、2 倍、4 倍时都未见药害，项目组设计了直接喷在烟株上的处理，正常浓度，未见药害，当浓度为 2 倍、4 倍时，烟株产生了药害，上部烟叶蜷曲，烟叶有起皱的现象，叶片失绿，清水清洗及雨水可以减轻药害程度，药害现象持续时间大约为 10 天，10 天之后，药害症状逐渐减轻（图 5-55）。

（3）补救措施。

①及时施速效氮肥，促进生长，喷洒激素和叶面肥可缓解药害，也可喷洒赤霉素，从而减轻药害。

②用碧护加叶面肥。

③0.004%芸薹素内酯 1 000 倍+尿素 300 倍+叶面微肥。

2. 百草枯

（1）简介。

百草枯：200g/L 水剂，1-1-二甲基-4-4-联吡啶阳离子盐，先正达公司，推荐用量 1 500ml/hm²。

1-1-二甲基-4-4-联吡啶阳离子盐，是一种快速灭生性除草剂，具有触杀作用和一定内吸作用。能迅速被植物绿色组织吸收，使其枯死。对非绿色组织没有作用。在土壤中迅速与土壤结合而钝化，对植物根部及多年生地下茎及宿根无效。

中文别名：1-1-二甲基-4-4-联吡啶阳离子盐

英文名称：1, 1'-dimethyl-［4, 4'-bipyridine］-1, 1'-diium dichloride

CAS 号：1940-42-5

分子式：$C_{12}H_{14}Cl_2N_2$

分子量：257.16

纯度：≥98%

EC 号：217-615-7

结构式：

适用范围：百草枯可防除各种一年生杂草；对多年生杂草有强烈的杀伤作用，但其地下茎和根能萌出新枝；对已木质化的棕色茎和树干无影响。适用于防除果园、桑园、胶园及林带的杂草，也可用于防除非耕地、田埂、路边的杂草，对于玉米、甘蔗、大豆以及苗圃等宽行作物，可采取定向喷雾防除杂草。

使用技巧：

①果园、桑园、茶园、胶园、林带使用在杂草出齐，处于生旺盛期，每亩用20%水剂100~200ml，对水25kg，均匀喷雾杂草茎叶，当杂草长到30cm以上时，用药量要加倍。

②百草枯对绿色组织有很强的破坏作用，药液要尽量均匀喷洒在杂草的绿色茎、叶上。喷施百草枯时采用粗喷雾或定向喷雾进行喷施，不要将药液飘移到果树或其他作物上。喷洒要均匀周到，可提高附着力。

③玉米、甘蔗、大豆等宽行作物田使用可播前处理或播后苗前处理，也可在作物生长中后期，采用保护性定向喷雾防除行间杂草。播前或播后苗前处理，每亩用20%水剂75~200ml，对水25kg喷雾防除已出土杂草。作物生长期，每亩用20%水剂100~200ml，对水25kg，作行间保护性定向喷雾。

④光照可加速百草枯发挥药效，因此在晴朗天气下对杂草防治效果非常好。

（2）烟草发生药害症状。

烟草种植禁止直接喷施在烟叶上，烟叶采收后，喷施正常浓度百草枯；推荐用量：百草枯：20%水剂，1-1-二甲基-4-4-联吡啶阳离子盐，先正达公司，推荐用量1 500ml/hm²。

如图5-56、图5-57所示，百草枯只要喷施在烟叶上，就会造成严重的药害，烟株受百草枯等接触型除草剂药害后将使烟茎和叶片产生白斑。叶面上的白斑变成棕色有时在叶片上留下孔洞。低剂量的百草枯药害会产生较为独特的病斑，当剂量较高时，病斑连接起来使叶片变黄，脉间组织死亡脱落，在烟株未立即死亡的情况下，烟株生长还会逐渐恢复正常。

（3）补救措施。

①加强水肥管理。在症状表现初期，马上浇水和喷清水，用于稀释药的浓度，或淋湿土上层的药液；结合浇水，增施腐熟人畜粪尿、碳胺、硝胺和尿素等速效肥料，促进根系发育和再生，恢复受害玉米的生理机能；加强中耕松土，破除土壤板结，增强土壤养分的分解，增强根系对养分和水分的吸收能力。

②拆除部分明显受害的叶片。

③药剂处理：喷施功能性植物营养剂，如碧护（有效成分为天然赤霉素，吲哚乙酸及芸薹素内酯等）、蜡质芽孢杆菌及禾生素。此类植物源植物营养剂可诱导受害作物产生抗逆性，恢复生长且对烟草安全。

3. 精喹禾灵

（1）简介。

英文通用名称：quizalofop-p

化学名称：（R）-2-［4-（6-氯喹喔啉-2-基氧）苯氧基］丙酸乙酯

CAS号：100646-51-3

分子式：$C_{19}H_{17}ClN_2O_4$

沸点：533.3°C at 760 mmHg

闪点：276.3℃

蒸汽压：9.33×10^{-5}Pa at 25℃

精喹禾灵原药

其他名称：精禾草克，NC-302D（+）

精喹禾灵的结构式：

毒性：据我国农药毒性分级标准，精喹禾草灵属低毒除草剂。

淡黄色均匀结晶，总酯含量高于95%，R体>90%。

主要精喹禾灵制剂

5%精喹禾灵乳油（每升含有效成分50g）、10.8%精喹禾灵乳油（每升含有效分108g）。

适用作物。大豆、甜菜、油菜、马铃薯、亚麻、豌豆、蚕豆、烟草、西瓜、棉花、花生、阔叶蔬菜等多种作物及果树、林业苗圃、幼林抚育、苜蓿等。精喹禾灵是一种通用的除草剂，可以在中药材长出真叶后使用。对马唐、狗尾草、野燕麦、雀麦、白茅等一年生禾本科杂草效果明显，对阔叶杂草无效。

防治对象。野燕麦、稗草、狗尾草、金狗尾草、马唐、野黍、牛筋草、看麦娘、画眉草、千金子、雀麦、大麦属、多花黑麦草、毒麦、䅟属、早熟禾、双穗雀稗、狗牙根、白茅、匍匐冰草、芦苇等一年生和多年生禾本科杂草。

（2）烟草发生药害症状。烟草种植使用技术及正常用量为禾本科杂草3~5叶叶期防治。防治一年生禾本科杂草每亩地用5%精喹禾灵乳油50~70ml，对水30~40kg均匀茎叶喷雾处理。土壤水分空气湿度较高时，有利于杂草对精禾草克的吸收和传导。

从图可以看出，烟株喷施精喹禾灵后，没有产生药害，最高浓度4倍也没有，项目组采取喷施在烟叶上的喷施方式也没有发现药害症状发生，可以看出，烟如意（10%精喹禾灵水乳剂，相对来说，较为安全，做为旺长期芽后除草剂安全性较高（图5-58、图5-59）。

另外课题组还做了2精喹禾灵除草剂的药害试验。

新百锄+助剂（10.8%精喹禾灵20ml；20%乙羧氟甲醚5ml），正常浓度：1包对水15L，10.8%精喹禾灵20ml；20%乙羧氟甲醚5ml。

由上面图片可以看出，精喹禾灵喷施在烟草上不会产生药害，但是和其他助剂一起，如20%乙羧氟甲醚一起使用，使用过量，容易造成烟草药害。正常浓度喷施在烟叶上，就会引起顶叶畸形、收缩，2倍正常浓度时药害症状加大，叶片有零星斑点，随着加大，叶片失绿范围加大，叶片失去可用性（图5-60至图5-62）。

烟之除（精喹禾灵20%，25ml/包）（图5-63、图5-64）

4. 氟磺胺草醚

（1）简介。

中文别名：5-（2-氯-α，α，α-三氟对甲苯氧基）-N-甲磺酰基-2-硝基苯甲酰胺；5-［2-氯-4-（三氟甲基）苯氧基］-N-（甲磺酰基）-2-硝基苯甲酰胺；氟黄胺草醚；虎威；龙威。

英文名称：Fomesafen

EINECS 号：276-439-9

分子量：438.7629

理化性质：无色晶体，熔点 220～221℃，密度 1.28g/cm³（20℃）。20℃时在水中的溶解度约 50mg/L，pH 值 1～2 时<10mg/L，pH 值为 7 时<600mg/L。50℃下保存 6 个月以上，见光分解，在酸、碱介质中不易水解。药有效成分含量为 95%，外观灰白色粉末状固体。熔点 218～221℃，密度：1.28g/cm³，蒸气压<0.1MPa（50℃）。溶解性在水中的溶解度取决于 pH 值的大小，50mg/L（pH 值 7），pH 值为 1～2 时则<1mg/L；丙酮 300g/L；二氯甲烷 10 g/L；二甲苯 1.9g/L；甲醇 20g/L；酸性 pH 值约为 2.7（20℃）。能生成水溶性盐。

其他名称虎威（Flex）、除豆莠、氟磺草醚、PP021、闲锄伴侣

毒性对人畜低毒。大鼠急性经口 LD_{50}：雄性大鼠 3 160mg/kg，雌性大鼠 2 870mg/kg；雄性小鼠 4 300mg/kg，雌性小鼠 4 220mg/kg。对皮肤和眼睛有轻度刺激作用。对鱼类和水生生物毒性很低，对鸟和蜜蜂亦低毒。

剂型：25%水剂。

特点：是一种具有高度选择性的大豆、花生田苗后除草剂，能有效地防除大豆、花生田阔叶杂草和香附子，对禾本科杂草也有一定防效。能被杂草根叶吸收，使其迅速枯黄死亡，喷药后 4～6h 遇雨不影响药效，对大豆安全。该药在土壤中残留期长，在土壤中不会钝化，可保持活性数个月，并为植物根部吸收，有一定的残余杀草作用。正常施用，不会对下茬造成药害，但施药量过大，会对下茬敏感作物如白菜、小麦、高粱、玉米、甜菜、亚麻等产生药害。施药后，大豆叶片会有枯斑，但一周后会恢复正常，不影响后期生长。

（2）烟草发生药害症状。烟草种植禁止使用（图 5-65 至图 5-67）。

（3）补救措施。烟叶如不当使用了氟磺胺草醚，烟叶迅速枯黄死亡，后期基本无利用价值。采取其他的补救措施，如喷施清水、使用叶面肥等效果不明显。

5. 复合除草剂

野老·苄乙甲

（1）简介。野老是一个针对水稻田的高效除草剂，它能够铲除水稻田里的各种杂草，如稗草、牛毛毡、四叶萍、浮萍等杂草，是一个经济实惠的除草剂。

（2）烟草发生药害症状。烟田除草禁用；本书介绍烟草不当喷施野老·苄乙甲后产生的药害症状。

由图 5-68、图 5-69 可知，喷施苄乙甲，烟叶新叶失绿黄化，叶片皱缩，新叶因为收缩呈直立形状，叶片稍微扭曲，随着用药浓度加大，药害症状加深。

（3）补救措施。

①及时施速效氮肥，促进生长，喷洒激素和叶面肥可缓解药害，也可喷洒赤霉素，从而减轻药害。

②用碧护加叶面肥。

③0.004%芸薹素内酯1 000倍+尿素300倍+叶面微肥。

6. 氯氟吡氧乙酸

（1）简介。美国陶氏益农公司（Dow AgroSciences Company）开发生产的有机杂环类选择性内吸传导型苗后除草剂，适用于防除小麦、大麦、玉米等禾本科作物田中各种阔叶杂草。现已国产化。

通用名称：氟草定（fluroxypyr）、氟草烟

其他名称：使它隆、盾隆（以下统称盾隆）

化学名称：4-氨基-3.5-二氯-6-氟-吡啶-2-氧乙酸

英文名称：fluroxypyr

CAS号：69377-81-7

分子式：$C_7H_5O_3N_2FCl_2$

分子量：255

理化性质：纯品为白色结晶体，熔点232～233℃，25℃时蒸气压$1.26×10^{-3}$Pa。20℃在水中的溶解度91μg/ml，在丙酮中41.6g/L，辛醇与水分配系数为55∶1。作为农药用的使它隆（1-甲基庚基酯）纯品，熔点56～57℃，25℃时，蒸汽压$0.014×10^{-3}$Pa。27.7℃时在水中溶解度0.9mg/ml，在丙酮中＞4%，在氟仿和二氯甲烷中＞50%。常温下贮存稳定期为两年。辛醇与水分配系数为6 140∶1。工业原药为具有肥皂气味的白色晶体。一般见到的制剂是20%使它隆乳油，由有效成分、乳化剂、溶剂等组成。外观为浅褐色或褐色液体，常温下贮存稳定期在2年以上。

特点：可防除猪殃殃、卷茎蓼、马齿苋、龙葵、繁缕、巢菜、田旋花、鼬瓣花、酸模叶蓼、柳叶刺蓼、反枝苋、鸭跖草、香薷、遏蓝菜、野豌豆、播娘蒿及小旋花等各种阔叶杂草，对禾本科和莎草科杂草无效。

对作物安全，在耐药作物体内，使它隆可结合轭合物而失去毒性。

在土壤中易降解，半衰期较短，不会对后茬作物造成药害。

（2）烟草发生药害症状。

本类型除草剂在烟草应用不多，如有需要在烟草使用，一般采用沟间定向喷雾；不当操作喷施在叶片上，易产生药害。所选药剂进宝288g/L氯氟吡氧乙酸正常浓度40ml。

由图5-70至图5-72可知，氯氟吡氧乙酸类除草剂在烟草上使用易产生药害，药害症状为烟株、叶脉扭曲，叶片皱缩，整株枯萎，修复措施对其无效果。

第六章　植物生长调节剂

第一节　氟节胺类

　　氟节胺（flumetralin）是一种接触兼局部内吸型抑制烟草侧芽的二硝基苯胺类植物生长调节剂，它是优良的烟草抑芽剂。1977年由瑞士汽巴—嘉基（Ciba — Geigy）公司开发，即是其中早期的一个品种。1990年以氟节胺（Prime）作为商品名在我国正式登记，登记号为PDll6-90。它是一种在国际上较受欢迎的新型高效抑芽剂，适用于烤烟、明火烤烟、马里兰烟、晒烟、雪茄烟。

　　化学名称：N-（2氯-6-氟苄基）-N-乙基-2，6-二硝基-4-三氟甲基苯胺

　　又名：抑芽敏，Prime，CGA41065等

　　英文名称：flumetralin

　　分子式：$C_{16}H_{12}N_3O_4F_4Cl$

　　结构式：

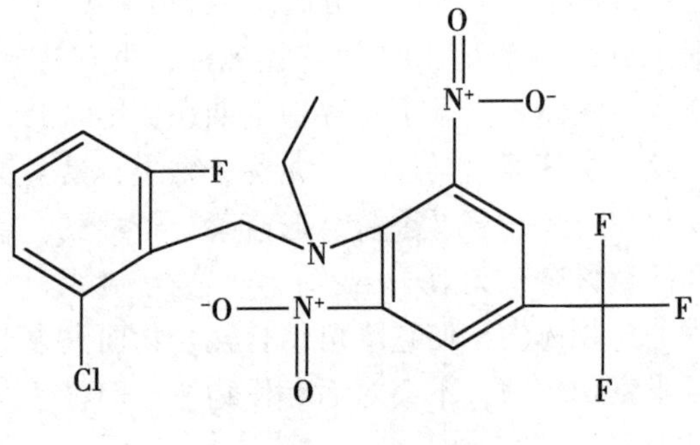

　　商品、剂型：制剂有12.5%乳油和25%乳油

　　生产厂家：12.5%氟节胺乳油（瑞士先正达作物保护有限公司产品、浙江和田化工有限公司）、25%抑芽敏乳油（瑞士先正达农药保护有限公司）。

　　理化特性：氟节胺乳油由有效成分、乳化剂、及溶剂组成，纯品为黄色或橙色结晶，制剂外观为橘黄色液体，常温贮存2年稳定。熔点101~103℃。20℃水中的溶解度<0.1mg/L，挥发度<0.01mg/m³，比重1.55，蒸汽压<$1.33×10^{-3}$Pa，堆积密度0.625g/cm³，250℃以上分解放热。在二氯甲烷中溶解度>80%，在甲醇中为25%，苯中为55%，正已烷中为1.3%。含量95%~98%的工业品为黄色或橘黄色结晶体。避免在低于0℃和高于35℃的温度条件下存放。易溶于苯、二氯甲烷，二硝基苯胺类化合物。氟

节胺是低毒植物生长调节剂。

毒理特性：原药大鼠急性经口 $LD_{50}>5\,000mg/kg$，兔经皮 $LD_{50}>2\,000mg/kg$，大鼠急性吸入 $LC_{50}>21.3mg/L$，对皮肤和眼睛均有刺激作用，在试验条件下对动物无致畸、致突变、致癌作用。对鸟类低毒，对鱼类有毒害，虹鳟鱼、蓝鳃鱼 $LC_{50}>3.2\mu g/L$（48h），水蚤 $LC_{50}>2.8\mu g/L$。制剂对大鼠急性经口、经皮 LD_{50} 均>2\,000mg/kg。

作用机理：为接触兼局部内吸性植物生长延缓剂。药液触及腋芽，主要作用是抑制细胞分裂，只作用于腋芽，施药一次即能抑制腋芽发生，直至收获结束，不需人工抹杈。被植物吸收快，作用迅速，主要影响植物体内酶系统功能，增加叶绿素与蛋白质含量。抑制烟草侧芽生长，施药后2h，无雨即可见效，对预防花叶病有一定效果。

产品特点：其高效、抑芽时间长、低毒、用量少、相对成本低，可使烟叶自然成熟度一致，增加烟叶产量，提高烟叶品质，提高占等烟比例。当烟株已由营养生长转入生殖生长时，叶片已伸展，细胞不再分裂，叶面积增长是细胞伸长，细胞间隙扩大的结果，使用抑芽剂不会产生不良影响，这时打顶烟叶质量最好，施药时期与打顶适期结合起来进行。若过早打顶上部叶片仍处于细胞分裂生长期，药剂使细胞停止分裂，造成叶片皱缩，影响烟叶品质和产量。在烟草生产中使用烟草抑芽剂氟节胺，有省工、增产、增质、减少病 害传播等诸多优点。据吴春江报道，使用化学抑芽剂，不但可以节省大量劳力（比手工抹杈），而且每亩可以增产 5.2~8kg，提高中上等烟比例，亩增收 50~130 元。氟节胺是投入收益比率最高的植物生长调节剂之一，在一定程度上可使烟农增加收入，国家增加税收。

防治对象：氟节胺对棉花处理后，棉株长势旺盛、叶色浓绿，株高降低，顶部叶片变小，籽指增加，单铃重增加，籽棉重增加；氟节胺浓度为 0.10g/L 和 0.08g/L 时，皮棉重增加。也适用于烤烟、明火烤烟、马里兰烟、晒烟、雪茄烟。

使用方法：施药方法采用毛笔抹腋芽部或杯淋、低压喷淋，无论采用哪种方法必须使每个腋芽接触药液，施药剂量为25%氟节胺乳油 350~700 倍药液。

烟田50%的烟株上部花蕾处于伸展至始花期打顶，打掉这一半之后，其余的也应一到花蕾伸长期便陆续进行，烟株发育一致一般补 1~2 次，打顶后马上或打顶后 24h 内施药，打顶同时抹去超过 2.5cm 烟杈。毛笔涂用药液为每株烟 5~10ml；杯淋法是用小杯盛药液 15~20ml，杯口对准烟株打顶处倒下，使药液沿茎流下，速度快，花工较少，比较容易接受，一般按每公顷烟株数 18\,000~22\,500株（每亩 1\,200~1\,500株）计算，每株用有效成分 5.4~10mg/株，即每公顷用25%乳油 480~960ml（即每亩用 32~64ml）稀释 350~700 倍。喷淋法需要改装喷雾器喷杆和喷头或专门的喷淋器械，喷头对准打顶处，每捏一次即喷出 20~25ml 稀释液，药液沿茎流下，速度快，但用药量多，成本高。用药一次不用人工再抹杈。

药害及治理：氟节胺在开花早期被应用于抑芽。如果应用的较早，未打顶的顶叶可能表现出类似于花叶病毒引起的症状。叶面上将会出现浅绿或深绿色块。幼叶可能向下卷曲并不能长大。未成熟植株的芽和受害的枝条可能停止生长。用药后几天仍然可能见到黄色的农药残留。有时侯烟株的髓部会分化成不定芽，外观就像非常小的成簇侧芽。未与农药接触的侧芽会继续生长，药剂接触完全伸展的烟叶不会产生药害。在施药过程中，药剂不慎接触皮肤或眼睛，应用大量清水冲洗干净；不慎误服，勿催吐，应立即送医院诊治。药剂要妥善保管，置于阴凉通风处，在远离儿童、食品、饲料及火源的地方贮藏。

喷雾浓度 100 倍时开始出现药害，叶片出现褐色斑；杯淋浓度 50 倍时才出现药害症状，叶片表现为叶基拉长（图 6-1），且杯淋抑芽效果要明显优于喷雾，故在生产上推荐杯淋施药方式，效果明显且安全。

第二节　二甲戊灵类

化学名称：N-（1-乙基丙基）-3，4-二甲基-2，6-二硝基苯胺

又名：二甲戊乐灵、施田补、除芽通

英文名称：Pendimethalin

分子式：$C_{13}H_{19}N_3O_4$

结构式：

商品、剂型：33%二甲戊灵乳油应用最广泛、33%的乳油是最常用的单剂。其他的单剂还有 10%、20%、50%的乳油，3%、5%、10%颗粒剂，45%的微胶囊剂，混剂是与乙草胺、甲氧咪草烟、氟吡酰草胺、异丙隆、绿麦隆、阿特拉津、莠去津、利谷隆、灭草喹、草不绿等品种混配。

生产厂家：33%二甲戊灵乳油（山东华阳科技股份有限公司、德国巴斯夫股份有限公司）；30%二甲戊灵乳油（北京市东旺农药厂）。

理化特性：外观为橙色或红棕色油状液体，熔点 54~58℃，溶解度 25℃，水中 0.275mg/L，比重 1.17，燃点 490~500℃，水分含量≤0.1%，酸度（以 H_2SO_4）≤0.5%。易溶于丙酮、甲醇、二甲苯等有机溶剂。

毒理特性：对人畜低毒。大鼠急性口服 LD_{50} 为 1 050~1 250mg/kg，兔经皮 LD_{50} > 5 000mg/kg，对鸟类、蜜蜂低毒。

作用机理：二甲戊灵为选择性芽前、芽后旱田土壤处理除草剂。杂草通过正在萌发的幼芽吸收药剂，进入植物体内的药剂与微管蛋白结合，抑制植物细胞的有丝分裂，从而造成杂草死亡。

产品特点：二甲戊灵是一种优秀的旱田作物选择性除草剂，应用范围广；对作物安全性好；持效期长、在土壤中持效期 45 天以上，半衰期 15~20 天；残留短，对后茬安全。

防治对象：棉花、玉米、直播旱稻、大豆、花生、马铃薯、大蒜、甘蓝、白菜、韭菜、葱、姜等多种旱田及水稻旱育秧田。二甲戊灵为选择性除草剂，在中药材播种后出芽前使用，适用性广。喷洒后不用混土，能够阻止杂草幼苗生长，对一年生禾本科杂草和部分阔叶杂草效果显著。需注意每季作物只能使用一次。

使用方法：烟草：在烟草全田烟株 50% 以上中心花开放式进行打顶，并摘除长于 2cm 的腋芽，打顶后 6h 内施药，通常是打顶后随即施药。打顶后各叶腋的侧芽大量发生，一般进行人工打侧芽 2~3 次，以免消耗养分，影响烟草产量和质量。33% 二甲戊灵乳油 2 250ml/hm²，对水稀释 300~400 倍液，采用喷雾法、杯淋法或涂抹法即可。每株用稀释药液 15~20ml 从烟株顶部淋下，施药 1 次，确保每个腋芽处能接触药液。也可以用于烟草田杂草处理。每季使用一次。

药害及治理：20 倍时开始出现药害，叶片无明显症状，烟茎有灼烧斑（图 6-2），但对烟叶产质影响不大，能有效抑制腋芽发生，是较安全的抑芽剂。对烟茎秆上出现药害的处理被淋大量清水后，药害症状不再加大。

第三节　仲丁灵类

化学名称：N-仲丁基-4-特丁基-2，6-二硝基苯胺

又名：止芽素、地乐胺

英文名称：Butralin、Dibutaline、Amexine、Tamex

分子式：$C_{14}H_{21}N_3O_4$

结构式：

商品、剂型：剂型 48%、36% 乳油。

生产厂家：36% 仲丁灵乳油（山东鸿汇烟草用药有限公司）；37.3% 仲丁灵乳油（江西盾牌化工有限责任公司产品）。

理化特性：分子量：295.3342，外观为橙色或红棕色油状液体，比重（d_4^{25}）1.185，燃点 490~500℃，水分含量 ≤0.1%，酸度（以 H_2SO_4）≤0.5%。易溶于氯代

烃及芳香烃类溶剂中，在碱性及酸性条件下均稳定。主要产品的剂型为36%的乳油，只能采用杯淋法或涂抹法进行施药，不能进行喷雾。

毒理特性：对人畜低毒，大鼠急性口服 LD_{50} 为 2 500mg/kg，急性经皮 LD_{50} 为 4 600 mg/kg，急性吸入 LC_{50} 为 50mg/L 空气。鱼毒：鲤鱼 TLM4.2mg/kg，鳟鱼 TLM3.4mg/kg。对黏膜有轻度刺激作用，但对皮肤未见刺激作用。

作用机理：仲丁灵为选择性芽前土壤处理的除草剂，其作用与氟乐灵相似，药剂进入植物体后，主要抑制分生组织的细胞分裂，从而抑制杂草幼芽及幼根生长。亦可作植物生长调节剂使用，控制烟草腋芽生长。

产品特点：为触杀兼局部内吸性抑芽剂，属于低毒性的二硝基苯胺类烟草抑芽剂，对抑制腋芽的生长效力高，药效快。在施药后2h内不下雨其药效便可发挥。仲丁灵对土壤中三大类微生物种群动态变化和土壤呼吸强度的影响表明仲丁灵对放线菌的影响最大，细菌次之，真菌最小。

防治对象：适用于大豆、棉花、水稻、玉米、向日葵、马铃薯、花生、西瓜、甜菜、甘蔗和蔬菜等作物田中防除稗草、牛筋草、马唐，狗尾草等1年生单子叶杂草及部分双子叶杂草。对大豆田菟丝子也有较好的防除效果。亦可用于控制烟草腋草生长。

使用方法：烟草抑芽。烟草打顶后24h内用36%乳油对水100倍液从烟草打顶处倒下，使药液沿茎而下流到各腋芽处，每株用药液15~20ml。通常是打顶后随即施药。打顶后各叶腋的侧芽大量发生，一般进行人工打侧芽2~3次，以免消耗养分，影响烟草产量和质量，杯淋法或涂抹法均可。

药害及治理：药害症状主要表现为植株生长迟缓，新生叶片严重皱缩，叶腋处新生叶芽皱缩，不易伸长，茎部与地面接触处肿大，根量比正常植株少，根部肿大，产生"鹅头根"。

烟草上设定100倍、80倍、40倍、20倍、10倍5个浓度梯度，对烟株进行喷雾和杯淋处理。杯淋处理的5个浓度均未产生明显药害，10倍喷雾处理，叶片变黄，叶基拉长，茎叶角度较小（图6-3）。仲丁灵是一种较安全的烟草抑芽剂，无论杯淋还是喷雾处理，均不易产生明显药害。

第四节 甲戊·烯效唑类

甲戊·烯效唑类由二甲戊灵原药、烯效唑原药、乳化剂及其溶剂组成。

化学名称：N-（1-乙基丙基）-3，4-二甲基-2，6-二硝基苯胺

又名：二甲戊乐灵、施田补、除芽通

英文名称：Pendimethalin

分子式：$C_{13}H_{19}N_3O_4$

结构式：

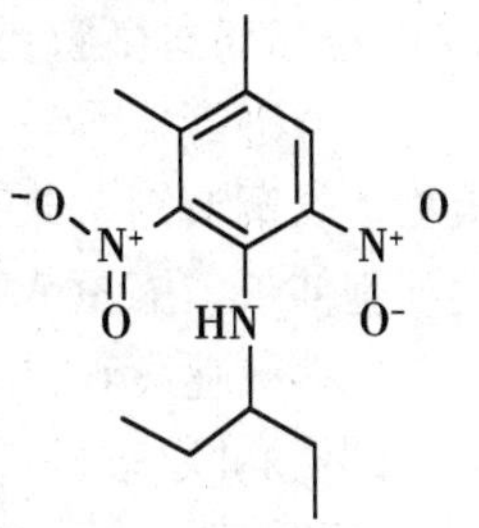

烯效唑作为一种广谱、高效的植物生长延缓剂，兼有杀菌和除草作用，是赤霉素合成抑制剂，具有低毒、低残留的特点。

烯效唑（S3307）又名：特效唑、高效唑

外文名：uniconazole

分子式：$C_{15}H_{18}ClN_3O$

结构式：

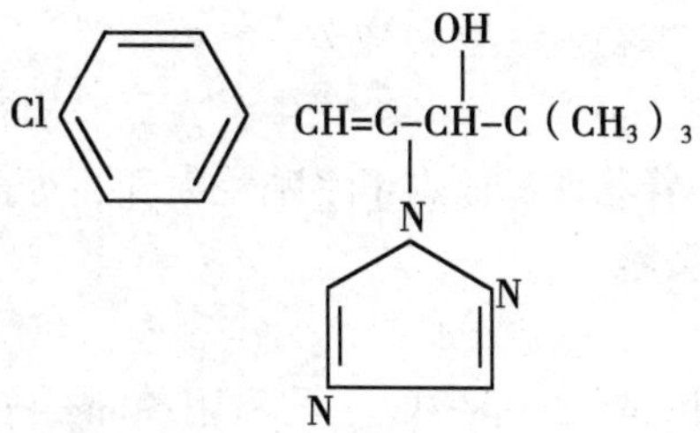

商品、剂型：30%二甲戊·烯乳油。

生产厂家：甲戊·烯效唑（北京市东旺农药厂）。

理化特性：二甲戊灵原药：橙色晶状固体，熔点 54～58℃，蒸气压 4.0mPa（20℃），密度 1.19（25℃），Kow152000，溶解度：水 0.3mg/L（20℃），丙酮 700、二甲苯 625、玉米油 148、庚烷 138、异丙醇 77（g/L，26℃），易溶于苯、甲苯、氯仿、二氯甲烷，微溶于石油醚和汽油中。

烯效唑原药：纯品为白色结晶固体。熔点 162～163℃，蒸气压 8.9mPa（20℃），相对密度 1.28（21.5℃）。能溶于丙酮、甲醇、乙酸乙酯、氯仿和二甲基甲酰胺等多种有机溶剂，难溶于水（8.41mg/L），原药（含量 85%）为白色或淡黄色结晶粉末，熔点 159～160℃。

毒理特性：二甲戊灵原药：大鼠急性经口 LD_{50} 为 1 250mg/kg，小鼠急性经口 LD_{50} 为 1 650mg/kg，属低毒类农药。在实验剂量内，对动物无畸形、致突变、致癌作用。对鱼及水生生物毒性高等，对蜜蜂和鸟毒性较低，蜜蜂经口 LD_{50}59.0mg/只。

烯效唑原药：大鼠急性经口 LD_{50} 为>1 790mg/kg，急性经皮 LD_{50} 为>2 000mg/kg，属低毒类农药。对鱼毒性中等，金鱼 TLM，48h＞1.0mg/kg，蓝鳃鱼 6.4mg/kg，鲤鱼 6.36mg/kg。

作用机理：二甲戊灵原药：选择性芽前、芽后旱田土壤处理除草剂。杂草通过正在

萌发的幼芽吸收药剂，进入植物体内的药剂与微管蛋白结合，抑制植物细胞的有丝分裂，从而造成杂草死亡。

烯效唑原药：广谱性、高效植物生长调节剂，兼有杀菌和除草作用，是赤霉素合成抑制剂。具有控制营养生长，抑制细胞伸长、缩短节间、矮化植株，促进侧芽生长和花芽形成，增进抗逆性的作用。其活性较多效唑高 6~10 倍，但其在土壤中的残留量仅为多效唑的 1/10，因此对后茬作物影响小，可通过种子、根、芽、叶吸收，并在器官间相互运转，但叶吸收向外运转较少。向顶性明显。

产品特点：广谱性唑类植物生长调节剂，赤霉素合成抑制剂。对草本或木本的单子叶或双子叶作物具有强烈的抑制生长作用。具有矮化植株、防止倒伏、提高绿叶素含量的作用。本品用量小、活性强，10~30mg/L 浓度就有良好抑制作用，且不会使植株畸形，持效期长，对人畜安全。烯效唑处理能提高小麦幼苗叶绿素含量、叶片中脯氨酸含量。脯氨酸是植物体内重要渗透物之一，当植物遇到干旱、盐碱、高温、大气污染等逆境时，体内游离脯氨酸含量明显增高，抗性尤为显著。土壤浇灌比叶面喷施效果好。烯效唑通过植物根部吸收后在植物体内传导，有稳定细胞膜结构、增加脯氨酸和糖的含量的作用，提高植物抗逆性，植物能耐寒和抗旱。

防治对象：可用于水稻、小麦、玉米、花生、大豆、棉花、果树、花卉等作物，可茎叶喷洒或土壤处理，增加着花数。如用于水稻、大麦、小麦以 10~100mg/L 喷雾，用于观赏植物以 10~20mg/L 喷雾。

使用方法：

（1）水稻。水稻种子用 50~200mg/kg。早稻用 50mg/kg，单季稻或连作晚稻因品种不同用 50~200mg/kg 药液浸种，种子量与药液量比为 1∶1.2∶1.5，浸种 36（24~28）h，每隔 12h 拌种 1 次，以利种子着药均匀，然后用少量清洗后催芽播种，可培育多蘖矮壮秧。

（2）小麦。小麦种子用 10mg/kg 药液拌种，每千克种子用 10mg/kg 药液 150ml，边喷雾边搅拌，使药液均匀附着在种子上，然后掺少量细干土拌匀以利播种。亦可在拌种后闷 3~4h，再掺少量细干土拌匀播种。可培育冬小麦壮苗，增强抗逆性，增加年前分蘖，提高成穗率，减少播种量。在小麦拔节期（宁早勿迟），每亩均匀喷施 30~50mg/kg 的烯效唑药液 50kg，可控制小麦节间伸长，增加抗倒伏能力。

（3）观赏植物。以 10~200mg/kg 药液喷雾，以 0.1~0.2mg/kg 药液盆灌，或在种植前以 10~1 000mg/kg 药液浸根、球茎或鳞茎数小时，可控制株形，促进花芽分化和开花。

药害及治理：二甲戊灵原药在玉米播种后先浇蒙头水，浇水后 2 天内施药，施药过晚易产生药害。大豆、花生，播种后 1~2 天表土喷雾，施药过晚易产生药害。药液对 2.5cm 以上的侧芽效果不好，施药时应事先打去。烯效唑原药在大豆受到中等偏轻的药害条件下，用 40~100mg/kg 的赤霉素可以缓解大豆药害症状，促进大豆节间伸长，株高、结荚高度增高，增强叶片的光合能力，提高百粒重。以 80~100mg/kg 的赤霉素对大豆的产量恢复效果最佳。

烟草上设置 100 倍、50 倍、25 倍、10 倍 4 个浓度梯度，每个浓度分别采用喷雾和杯淋两种施药方式。施药3天后50倍喷雾处理开始出现药害，叶片变黄，叶基拉长，叶片有泡状皱缩；杯淋处理25倍时始出现药害，主要表现为叶基拉长，叶片变黄（图6-4）。大量清水淋洗叶片和茎杆能减轻药害症状。

第五节　抑芽丹

化学名称：顺丁烯二酰肼

又名：马来酰肼（MH）、芽敌、抑芽素、青鲜素

英文名称：maleic hydrazide、KMH、Malazide、Regulox

商品名称：灭芽清、芽敌、奇净、乐芽

结构式：

商品、剂型：18%、25%、30.2%水剂，原药、乙醇胺盐溶液等。

生产厂家：30.2%抑芽丹水剂（山东汇鸿烟草用药有限公司产品）、36%奇净乳油（山东鸿汇烟草用药有限公司）、25%灭芽清水剂（芽克）（贵州省遵义泉通化工厂）。

理化特性：一种选择性除草剂和暂时性的植物生长抑制剂。相对分子量或原子量为112.09，密度为1.60（25℃），熔点为296～298℃（分解），闪点为300℃，纯品为白色结晶。熔点296～298℃。25℃时在水中的溶解度为0.6%，可溶于二甲基甲酰胺，微溶于乙醇。其钠、钾、铵盐及有机碱盐类易溶于水。性质稳定。其碱金属盐可溶于水，对酸，碱性水溶液稳定。制剂有二乙醇胺盐的水剂，也可用其钾盐水剂。植物生长调节剂。由顺丁烯二酸酐与硫酸肼在水溶液中反应生成。

毒理特性：对人畜低毒。大鼠急性经口 LD_{50} 6 950mg/kg，无刺激性，对鱼毒性强。用于抑制草、树篱和树木的生长，抑制马铃薯和洋葱的发芽，阻止烟草根系的生长，用量2～5kg/hm²。

作用机理：它是植物体内尿嘧啶代谢拮抗物，可渗入核糖核酸中，抑制尿嘧啶进入细胞与核糖核酸结合。它被植物吸收后传导到生长活跃部位，并积累在顶芽里，抑制顶端分生组织细胞分裂，破坏顶端优势，抑制顶芽旺长。使光合产物向下输送到腋芽、侧芽或块根、块茎里。在生产上主要用于延缓植物休眠、延长农产品贮藏期、控制侧芽生长、诱导雄性不育等。

适用对象：控制园林绿篱灌木的过度生长、抑制储藏期间洋葱、胡萝卜、马铃薯的发芽以及烟草植株侧芽的发生，抑芽丹也是一种强大的致变物。

产品特点：具有抑芽效率高、烟叶品质好、增产显著、施用方便、节省劳力、提高经济效益等优点，是提高烟叶品质、产量的技术措施之一。施用抑芽丹之后，对烤烟的

烟碱、糖分含量有无影响等。

　　使用方法：主要抑制腋芽生长。在打顶后人工抹芽1次，再用25%水剂60~70倍液喷茎叶，或每株用18%水剂1ml对水喷雾或30.2%水剂50~60倍液，每株喷药液20~25ml。只喷上部叶片即可。喷过药的烟叶易出现假熟现象，叶片提前落黄，宜等到叶脉变白时再采收。

参考文献

Bunji Hashizume，张敏恒 . 1989. 新型杀虫剂定虫隆 [J]. 农药（4）：39.

陈荣华，张祖清，肖先仪，等 . 2006. 烟草农药使用过程中存在的问题及对策 [J]. 江西植保（4）：187-190.

陈茹玉，刘纶祖 . 1995. 有机磷农药化学 [M]. 上海：上海科学技术出版社 .

陈卫民 . 1996. 蚧壳虫的克星——杀扑磷 [J]. 新农村（8）：14.

程暄生 . 1997. 双氧威的特点及其在储粮害虫防治中的效用 [J]. 粮食储藏（3）：3-7.

程英，李凤良，金剑雪，等 . 2008. 敌百虫与其他杀虫剂复配对斜纹夜蛾幼虫的毒力测定 [J]. 贵州农业科学（4）：95-96.

迟德富、苗建才，姜丽，等 . 1997. 抑食肼颗粒剂防治金龟子幼虫 [J]. 东北林业大学学报（7）：25-28.

代凤玲，闫慧琴 . 2009. 土壤中农药的迁移转化规律及其影响农药在土壤中残留、降解的环境因素 [J]. 环境与发展（s1）：181-184.

刁晓华 . 2009. 农药西维因在土壤及炭质吸附剂上的吸附机理研究 [D]. 北京：北京交通大学 .

芳贺隆弘，土岐忠昭，张思华 . 1992. 昆虫生长抑制剂定虫隆的开发 [J]. 世界农药（6）：13-20.

韩农，黄欣 . 1988. 涕灭威的毒理学性质 [J]. 农业环境保护，7（4）：37-38，27.

韩熹莱 . 1993. 中国农业百科全书 . 农药卷 [M]. 北京：农业出版社 .

贺兰，龚道新，胡瑞兰，何宗桃 . 2009. 灭多威在棉花及土壤中的残留行为研究 [J]. 农药研究与应用（5）：20-24.

贾建洪，盛卫坚，高建荣 . 2005. 千苯甲酰基脲类杀虫剂伏虫隆的合成 [J]. 农药，44（6）：263~264.

江树人 . 1986. 涕灭威对环境的影响 [J]. 农业环境科学学报（3）：31-33.

江藤守總 . 1981. 有机磷农药的有机化学与生物化学 [M]. 杨石先，张立言，等译 . 北京：化学工业出版社 .

焦淑贞，姚建仁，郑永权，等 . 1994. ^{14}C-涕灭威在旱田土壤中的降解 [J]. 应用生态学报（2）：182-186.

焦淑贞，姚建仁，郑永权，等 . 1994. 涕灭威在植物和土壤中的移动与分布 [J].

环境科学学报（1）：79-86.

金朝晖，曹骥赟，李铁龙，等 . 2003. 农药涕灭威在土壤中的移动性及地下水影响研究 [J]. 农业环境科学学报（4）：480-483.

李海屏 . 2004. 杀虫剂新品种开发进展及特点 [J]. 江苏化工（1）：6-11.

李秋，李立芹 . 2011. 烯效唑对小麦幼苗生长的影响 [J]. 安徽农业科学，39（10）：5 715-5 716，5 719.

李向东 . 2005. 二嗪磷应用技术 [J]. 农村实用技术，2：30.

李应金 . 2005. 烟草农药复配剂筛选与应用技术研究 [D]. 杭州：浙江大学 .

李云明，赵守清，黄贤富，等 . 2002. 9 种药剂防治瓜蜗螟的药效实验 [J]. 长江蔬菜（3）：30.

刘保安，曹爱华，徐光军，等 . 1989. 辛硫磷在烟草上安全使用标准的研究 [J]. 中国烟草，04：19-22.

刘长令 . 2003. 杀虫杀螨剂研究开发的新进展 [J]. 农药（10）：800-805.

刘广良，戴树桂，钱芸 . 2000. 农药涕灭威在土壤中的不可逆吸附行为 [J]. 环境科学学报（5）：597.

刘宁，沈明浩 . 2007. 食品毒理学 [M]. 北京：中国轻工业出版社 .

刘英，李邦发，韩海波 . 2010. 烯效唑浸种对小麦幼苗形态及生理指标的影响 [J]. 安徽农业科学，38（31）：17 405-17 407.

刘勇 . 2006. 烟草常用农药对漂浮育苗药害的评价 [J]. 农药，05：353-356.

刘志坚，张春利 . 2012. 灭幼脲类农药的正确使用 [J]. 西北园艺（4）：30.

卢培标，戴维列 . 1998. 呋喃丹及其主要水解、代谢产物的检验 [J]. 分析测试学报（5）：81-83.

罗少华，于华 . 2004.（2004-03-24）抽烟与肺癌病例之间关系的研究（J/OL）. 中国烟草科技信息 . http：//www. to-bacco. gov. cn/kjxxcontent. php.

马广源，刘颖超，庞民好，等 . 2007. 高效液相色谱法测定抗蚜威在小麦籽粒中的残留 [J]. 农药（6）：405-406.

莫汉宏，安凤春，刘文娥，等 . 1987. 水中涕灭威及其有害代谢物残留量的气相色谱测定 [J]. 环境科学（2）：75-78.

欧晓明，黄明智，王晓光，等 . 2003. 昆虫抗性靶标部位及其在杀虫剂创制中的作用 [J]. 现代农药，2（5）：11-15.

欧晓明，王晓光，樊德方，等 . 2003. 农药细菌降解研究进展 [J]. 世界农药（6）：30-35.

秦曙，乔雄梧，王霞，等 . 2009. 三唑磷原药及其中相关杂质治螟磷的水解特性研究 [J]. 农药学学报（1）：126-130.

清华大学，北京大学，合著 . 1981. 计算方法（上、下）[M]. 北京：科学出版社 .

邵莉楣 . 2011. 植物生长调节剂应用手册 [M].（第 2 版）. 北京：金盾出版社 .

邵莉楣 . 2011. 植物生长调节剂应用手册 [M]. 北京：金盾出版社 .

沈齐英，刘欢，张英俊 . 2004. 有机磷农药乐果降解菌的分离 [J]. 农药（12）：

552-554.

石杰，龚炜，刘惠民，等．2008．烟草中克百威和抗蚜威残留量测定［J］．分析试验室（4）：22-24．

宋志慧，刘冰．2014．氧化乐果对小球藻的毒性研究［J］．生态毒理学报（3）：483-489．

苏成付，邱新棉，王世林．2012．烟草抑芽剂氟节胺在棉花打顶上的应用［J］．浙江农业学报（4）：545-548．

孙建析，顾刘金，杨校华，等．2004．杀扑磷的毒性研究［J］．职业与健康（6）：5-7．

汤艳，张青碧，甘仲霖，等．2006．杀虫剂诱导人外周血淋巴细胞 DNA 损伤［J］．现代预防医学（8）：1 342-1 343．

王川，周巧红，吴振斌．2011．有机磷农药毒死蜱研究进展［J］．环境科学与技术，34（8）：123-127．

王翠莲，董广平，程杰，等．2000．应用灭幼脲 3 号微胶囊与其他农药微胶囊混合防治松褐天牛成虫研究［J］．林业科学，36（1）：76-80．

王明星．2013．葱蒜类蔬菜中农药多残留分析方法研究［D］．合肥：安徽农业大学．

王品维，黄诚，王芸，等．2007．6 种氨基甲酸酯类农药对绿藻的毒性试验［J］．浙江林业科技（3）：45-47．

王新全，赵华，彭金波．2008．双氧威在土壤及水中残留分析方法［J］．农药（11）：832-833．

维森，王孝钢，于红卫，等．2010．液相色谱—质谱联用法同时测定食品中 37 种农药残留［J］．预防医学论坛（12）：1 106-1 109．

吴春江．2003．我国烟草常用抑芽剂及使用［J］．浙江化工（10）：15-33．

吴小毛，龙友华，李明．2009．仲丁灵对土壤微生物种群和土壤呼吸强度的影响［J］．贵州农业科学，10：91-93．

吴晓均，施高茂．2006．谈谈辛硫磷［J］．水产科技（1）：26-27．

武俊，徐剑宏，洪青，等．2004．一株呋喃丹降解菌（CDS-1）的分离和性状研究［J］．环境科学学报（2）：338-342．

谢慧，朱鲁生，王军，等．2005．涕灭威及其有毒代谢产物对土壤微生物呼吸作用的影响［J］．农业环境科学学报（1）：191-195．

谢天丁，王永锋．2008．大豆应用 920 缓解多效唑药害的效果［J］．河北农业科学（6）：34-36．

徐蓉，林军，冒德寿，等．2004．几种新型苯甲酰基脲类几丁质抑制剂的合成（Ⅱ）［J］．高等学校化学学报（2）：294-296．

许宝良，孔致祥，张树蔚，等．2001．有机磷农药氧化乐果在土壤中降解规律的试验研究［J］．农业环境保护（4）：249-251．

许泳峰，等译．1983．（日）农药污染［M］．北京：农业出版社．

薛南冬，杨仁斌．2001．丙硫克百威在几种土壤中的吸附［J］．土壤与环境（4）：263-266．

薛南冬．2000．丙硫克百威生物活性及环境毒理研究进展［J］．湖南农业大学学报（自然科学版）（3）：236-240．

颜冬云，蒋新，余贵芬，等．2006．有机磷农药对乙酰胆碱酯酶活性的联合抑制作用［J］．农药（1）：31-35．

杨春桃，郑翰，李方安．2010．不同的烯效唑浓度对小麦幼苗生长发育的影响［J］．安徽农业科学，38（31）：17 405-17 407．

杨光富，袁继伟，刘实，等．1999．苯甲酰基脲类几丁质生物合成抑制剂的研究进展［J］．华中师范大学学报（自然科学版）（4）：528-535．

杨荣萍，刘明辉，曾春，等．2010．灭幼脲的作用机理及其在林业害虫防治中的应用［J］．现代农业科技（15）：220．

俞国英，林江，张国梁，等．2002．西维因在粮食中的残留消解动态及残留分析方法［J］．粮食储藏（3）：43-44．

曾小星．2008．茶叶中有机农药残留的分析方法研究［D］．南昌：南昌大学．

翟留香，邓吉生，杨群辉，等．1996．硫双威、双威菊酯防治小菜蛾的药效试验［J］．农药（1）：36

翟友成，陈迎春，丁兰兰，等．1991．混灭威防治伏蚜试验［J］．中国棉花（3）：10．

张卫光，张悦，井维霞，等．2013．以抗氧化酶为标准评价毒死蜱对烟草幼苗的生态安全性［J］．世界农药，35（4）：37-39．

张云娟，张夕林，王陈，等．2006．氟啶脲等药剂防治抗性小菜蛾的效果与应用技术［J］．安徽农学通报，12（2）：70．

章巧利，习育艺，袁永达，等．2013．氟啶脲对甜菜夜蛾生长繁殖的亚致死效应［J］．上海农业学报，29（1）：1-4．

赵海珍，胡珊，张志祥，等．2006．双三氟虫脲对小菜蛾的生物活性［J］．农药，45（1）：59-60．

赵花其．1996．25%硫双威防治棉铃虫田间试验［J］．农药（3）：40-41．

赵华，吴珉，彭金波．2008．灭多威在土壤中的吸附、移动及降解行为［J］．浙江农业学报（4）：287-290．

钟远，孔志明，崔玉霞，等．1999．吡虫啉与抑食肼的毒理学研究［J］．农药（9）：15-16．

朱友芳，洪万树．2011．敌百虫对中国花鲈的毒性效益［J］．生态学杂志（7）：1 484-1 490．

朱忠林，单正军，蔡道基，等．2002．涕灭威对云南植烟区水质的影响［J］．农药科学与管理（1）：29-31．

朱忠林，向锋，蒋新明，等．1994．涕灭威在土壤中残留与移动行为的动态模拟［J］．环境污染与防治（6）：1-5．

Miles J R W, Tu C M, Harr is C R. 1979. Persistence of eight organo-phosphor us in-secticides in sterile andnon-sterile mineral and organic soils [J]. *Bull Environm Contam Toxicol*, 22: 312-318.

Worthing CR, Hance RJ. 1991. The Pesticide Manual [M]. 9thed. British: Crop Pro-tection Council.